中国地质大学(武汉)实验教学系列教材

中国地质大学(武汉)实验教材项目资助(SJC-202205)

海洋测绘实习指导书

HAIYANG CEHUI SHIXI ZHIDAOSHU

主　编 ◎ 于　男

副主编 ◎ 陈　刚　超能芳

图书在版编目(CIP)数据

海洋测绘实习指导书/于男主编;陈刚,超能芳副主编.—武汉:中国地质大学出版社,
2023.10
ISBN 978-7-5625-5739-5

Ⅰ.①海… Ⅱ.①于… ②陈… ③超… Ⅲ.①海洋测量-教学参考资料 Ⅳ.①P229

中国国家版本馆 CIP 数据核字(2023)第 240621 号

海洋测绘实习指导书		于 男 **主 编**
		陈 刚 超能芳 **副主编**

责任编辑:张 林	选题策划:张 林	责任校对:张咏梅
出版发行:中国地质大学出版社(武汉市洪山区鲁磨路 388 号)		邮编:430074
电 话:(027)67883511	传 真:(027)67883580	E-mail:cbb@cug.edu.cn
经 销:全国新华书店		http://cugp.cug.edu.cn
开本:787 毫米×1092 毫米 1/16	字数:218 千字	印张:8.5
版次:2023 年 10 月第 1 版	印次:2023 年 10 月第 1 次印刷	
印刷:武汉市籍缘印刷厂		
ISBN 978-7-5625-5739-5		定价:52.00 元

如有印装质量问题请与印刷厂联系调换

前　言

"十四五"是海洋强国建设的重要时期。如何牢牢把握海洋强国的战略机遇，为国家培养和输送高质量的青年人才，是目前海洋测绘学科学生培养所面临的一个新课题和新挑战。一切海洋活动，包括海上交通、海洋地质调查和资源开发、海洋工程建设、海洋疆界勘定及国土权益维护、海洋环境保护等，都需要海洋测绘工作提供保障和支撑。随着我国海洋经济建设的快速发展，以及海洋强国战略的逐步实施，在海洋专项测绘、工程建设、基础科学研究、国防建设等多方面均对海洋测绘人才产生迫切需求。

大地测量学科与海洋科学之间存在着密切联系，海洋测绘工作即为测绘工作从陆地向海洋的延伸。《海洋测绘实习指导书》的内容既包括传统陆上测绘工作中全站仪、水准仪和GNSS等设备的操作实践，也包括海洋测绘工作中单波束、多波束及相应内业处理软件的操作和使用。本书基本囊括大地测量和海洋测绘各主干课程的实践环节，如地形测量实习、GNSS相对定位测量实习、海洋水文要素观测实习、海底地形测量实习、海洋地理信息系统ArcGIS上机实习等。

本书可作为海洋测绘专业本科实习教材，也可作为测绘类或相关专业从事科研、生产和管理工作人员的参考用书。

参加本书编写的有于男、陈刚、超能芳。其中第一章、第二章由超能芳编写，第三章由陈刚编写，第四章、第五章、第六章、第七章由于男编写，研究生万龙图、王镜欢、万泽莹等参与了部分校订的工作，全书由于男主编并负责统稿。

本书在编写过程中参阅和引用了国内外相关学者的著作和发表的文献资料，在此向相关作者致以诚挚的谢意。

限于编者的水平，书中内容难免有疏漏之处，欢迎专家和读者批评指正。

本书由中国地质大学(武汉)实验教学系列教材项目经费资助。

编　者
2023 年 6 月于中国地质大学(武汉)

目 录

第一章 认识陆上测绘仪器 (1)
实验一 水准仪的认识和使用 (1)
一、目的和要求 (1)
二、仪器和工具 (1)
三、水准仪的分类 (2)
四、水准仪及其结构 (2)
五、水准仪的操作键及其功能 (3)
六、水准仪的菜单界面 (4)
七、思考题 (7)

实验二 全站仪的认识和使用 (7)
一、目的和要求 (7)
二、仪器和工具 (7)
三、全站仪及其结构 (8)
四、全站仪的基本操作 (8)
五、全站仪的文件操作 (9)
六、注意事项 (11)
七、思考题 (11)

实验三 GNSS设备的认识和使用 (12)
一、目的和要求 (12)
二、仪器和工具 (12)
三、GNSS测量前的准备工作 (13)
四、GNSS观测文件的数据格式 (14)
五、思考题 (15)

第二章 陆地地形测量 (16)
实验一 角度观测 (16)
一、目的与要求 (16)
二、仪器和工具 (16)
三、实验内容 (16)

四、实验方法与步骤 …………………………………………………………（17）
　　五、记录格式 ……………………………………………………………………（19）
　　六、注意事项 ……………………………………………………………………（21）
　　七、思考题 ………………………………………………………………………（21）

实验二　水准仪 i 角误差的检验与校正 ……………………………………………（21）
　　一、目的与要求 …………………………………………………………………（21）
　　二、仪器和工具 …………………………………………………………………（21）
　　三、实验内容 ……………………………………………………………………（21）
　　四、实验方法与步骤 ……………………………………………………………（22）
　　五、记录格式 ……………………………………………………………………（23）
　　六、注意事项 ……………………………………………………………………（24）
　　七、思考题 ………………………………………………………………………（24）

实验三　水准测量 ……………………………………………………………………（24）
　　一、目的和要求 …………………………………………………………………（24）
　　二、仪器和工具 …………………………………………………………………（25）
　　三、实验内容 ……………………………………………………………………（25）
　　四、实验方法与步骤 ……………………………………………………………（25）
　　五、记录格式 ……………………………………………………………………（27）
　　六、注意事项 ……………………………………………………………………（28）
　　七、思考题 ………………………………………………………………………（29）

实验四　导线测量 ……………………………………………………………………（29）
　　一、目的与要求 …………………………………………………………………（29）
　　二、仪器与工具 …………………………………………………………………（29）
　　三、实验内容 ……………………………………………………………………（29）
　　四、实验方法与步骤 ……………………………………………………………（30）
　　五、记录格式 ……………………………………………………………………（31）
　　六、注意事项 ……………………………………………………………………（31）
　　七、思考题 ………………………………………………………………………（32）

实验五　测距加常数的测量 …………………………………………………………（32）
　　一、目的和要求 …………………………………………………………………（32）
　　二、仪器和工具 …………………………………………………………………（32）
　　三、实验内容 ……………………………………………………………………（32）
　　四、实验步骤 ……………………………………………………………………（32）
　　五、数据记录 ……………………………………………………………………（33）
　　六、注意事项 ……………………………………………………………………（33）
　　七、思考题 ………………………………………………………………………（33）

  实验六 数字测图课间实验 ·· (33)
   一、实验目的和要求 ·· (33)
   二、人员组织和实验仪器准备 ·· (33)
   三、实验内容 ··· (34)
   四、实验步骤 ··· (34)
   五、注意事项 ··· (35)
   六、思考题 ·· (35)

第三章 GNSS 相对定位测量 ·· (36)
  实验一 GNSS 动态相对定位 ·· (36)
   一、目的和要求 ·· (36)
   二、仪器和工具 ·· (36)
   三、RTK 测量系统的构成 ·· (36)
   四、RTK 数据采集步骤 ··· (40)
   五、注意事项 ··· (41)
   六、思考题 ·· (41)

  实验二 GNSS 静态相对定位 ·· (42)
   一、目的和要求 ·· (42)
   二、人员组织和实验仪器准备 ·· (42)
   三、实验内容 ··· (42)
   四、实验步骤 ··· (42)
   五、注意事项 ··· (44)
   六、思考题 ·· (44)

  实验三 基线解算与网平差 ·· (44)
   一、目的和要求 ·· (44)
   二、仪器和工具 ·· (45)
   三、静态数据处理流程 ·· (45)
   四、实验步骤 ··· (45)
   五、注意事项 ··· (50)
   六、思考题 ·· (51)

第四章 海洋水文要素观测 ··· (52)
  实验一 海洋气象观测 ··· (52)
   一、目的和要求 ·· (52)
   二、仪器和工具 ·· (52)
   三、实验内容 ··· (52)
   四、思考题 ·· (54)

  实验二 海水透明度和水色观测 ·· (54)
   一、目的和要求 ·· (54)

二、海水透明度与水色 ……………………………………………………………… (54)
　　三、实验内容 ………………………………………………………………………… (54)
　　四、思考题 …………………………………………………………………………… (56)

实验三　海水温度和盐度的测量 ………………………………………………………… (56)
　　一、目的和要求 ……………………………………………………………………… (56)
　　二、海水温度的测量 ………………………………………………………………… (57)
　　三、海水盐度 ………………………………………………………………………… (58)
　　四、利用温盐深仪(CTD)测量海水温度和盐度 ………………………………… (59)
　　五、思考题 …………………………………………………………………………… (60)

实验四　人工验潮和自动验潮 …………………………………………………………… (60)
　　一、目的和要求 ……………………………………………………………………… (60)
　　二、仪器和工具 ……………………………………………………………………… (61)
　　三、验潮方法 ………………………………………………………………………… (61)
　　四、实验内容 ………………………………………………………………………… (62)
　　五、思考题 …………………………………………………………………………… (64)

第五章　海底地形测量 ……………………………………………………………………… (65)
　实验一　水下声学定位原理 …………………………………………………………… (65)
　　一、目的和要求 ……………………………………………………………………… (65)
　　二、仪器和工具 ……………………………………………………………………… (65)
　　三、水声定位系统 …………………………………………………………………… (65)
　　四、实验内容 ………………………………………………………………………… (67)
　　五、思考题 …………………………………………………………………………… (69)

　实验二　认识海底控制点(网) ………………………………………………………… (69)
　　一、目的和要求 ……………………………………………………………………… (69)
　　二、水声照准标志 …………………………………………………………………… (69)
　　三、等边三角形海底控制网及其有效距离 ……………………………………… (70)
　　四、思考题 …………………………………………………………………………… (71)

　实验三　海底控制点(网)坐标的测定 ………………………………………………… (71)
　　一、目的和要求 ……………………………………………………………………… (71)
　　二、海底控制点的定标 ……………………………………………………………… (71)
　　三、海底控制点坐标的测定 ………………………………………………………… (75)
　　四、思考题 …………………………………………………………………………… (76)

　实验四　传统水深测量方法 …………………………………………………………… (77)
　　一、目的和要求 ……………………………………………………………………… (77)
　　二、工具 ……………………………………………………………………………… (77)
　　三、浅水区的传统测深方法 ………………………………………………………… (77)
　　四、利用钢丝绳测深 ………………………………………………………………… (78)

五、思考题 …………………………………………………………………………（79）

　实验五　认识单波束和多波束测深系统 ……………………………………………（79）

　　一、目的和要求 ……………………………………………………………………（79）

　　二、仪器和工具 ……………………………………………………………………（79）

　　三、单波束与多波束测深原理 ……………………………………………………（79）

　　四、单波束测深系统的组成 ………………………………………………………（80）

　　五、多波束测深系统的组成 ………………………………………………………（82）

　　六、多波束系统的安装 ……………………………………………………………（83）

　　七、思考题 …………………………………………………………………………（84）

第六章　多波束测深实习 ………………………………………………………………（85）

　实验一　多波束测深系统的外业数据采集 …………………………………………（85）

　　一、目的和要求 ……………………………………………………………………（85）

　　二、仪器和工具 ……………………………………………………………………（85）

　　三、多波束测深系统的外业操作 …………………………………………………（85）

　　四、数据记录格式 …………………………………………………………………（91）

　　五、注意事项 ………………………………………………………………………（91）

　　六、思考题 …………………………………………………………………………（91）

　实验二　多波束测深系统的内业数据处理 …………………………………………（91）

　　一、目的和要求 ……………………………………………………………………（91）

　　二、仪器和工具 ……………………………………………………………………（92）

　　三、数据融合处理 …………………………………………………………………（92）

　　四、波束点条带清理 ………………………………………………………………（98）

　　五、波束点区域清理 ………………………………………………………………（100）

　　六、成果面创建 ……………………………………………………………………（101）

　　七、成果面编辑 ……………………………………………………………………（102）

　　八、导出成果面数据和成果图像 …………………………………………………（104）

　　九、思考题 …………………………………………………………………………（105）

第七章　ArcGIS 在海洋地理信息系统中的应用 ……………………………………（106）

　实验一　地图矢量化 …………………………………………………………………（106）

　　一、目的和要求 ……………………………………………………………………（106）

　　二、软件和工具 ……………………………………………………………………（106）

　　三、实验内容 ………………………………………………………………………（106）

　　四、实验方法与步骤 ………………………………………………………………（106）

　　五、思考题 …………………………………………………………………………（110）

　实验二　影像数据配准与矢量数据校正 ……………………………………………（111）

　　一、实验目的 ………………………………………………………………………（111）

　　二、实验准备 ………………………………………………………………………（111）

三、实验步骤 …………………………………………………………… (111)
　　四、思考题 ……………………………………………………………… (116)
实验三　空间数据插值与地统计实验 ………………………………………… (116)
　　一、实验目的 …………………………………………………………… (116)
　　二、实验准备 …………………………………………………………… (116)
　　三、实验内容与步骤 …………………………………………………… (117)
　　四、思考题 ……………………………………………………………… (124)
主要参考文献 …………………………………………………………………… (125)

第一章　认识陆上测绘仪器

海洋测绘不仅包括水面和水底的测绘工作，也包括海岸带及毗邻岛屿的测绘工作。对应地，海洋测绘的手段同时也包括传统陆上测绘的常规手段，即水准仪、经纬仪、全站仪以及GNSS等。鉴于篇幅限制，本章将重点介绍水准仪、全站仪和GNSS设备的认识和基本操作。

实验一　水准仪的认识和使用

水准仪是建立水平视线测定地面两点间高差的仪器，主要部件包括望远镜、管水准器（或补偿器）、垂直轴、基座、脚螺旋。高程测量在测绘工作中具有重要意义，它既是地形测绘的基础，也是工程测量的必要环节，而利用水准仪进行水准测量是精密高程测量的主要方法，因此认识水准仪并熟悉它的使用方法，是测绘实践与工作的必然要求。在本节实验中，我们的主要任务是认识水准仪的基本结构、掌握利用水准仪进行水准测量的操作方法。

一、目的和要求

（1）了解水准仪的结构与功能。
（2）掌握水准仪的基本操作。

二、仪器和工具

水准仪1台，三脚架1副，红黑面水准尺2个，尺垫2个，记录纸1张，记录板1个。

水准仪用来测量地面两点间高差；三脚架用来架设水准仪；水准尺用来提供水准点或转点到视线的铅垂距离；尺垫放置在转点上，起到传递高程的作用；记录纸放置在记录板上，用来记录观测时的测站信息和测量数据等观测成果。在我们的实习过程中，一般使用自动安平水准仪（图1.1.1）配合常规木质水准尺[图1.1.2(a)]进行红黑面读数来完成测量，因此对电子水准尺不做过多介绍，尺垫及水准尺的使用方法见图1.1.3。

图1.1.1　自动安平水准仪

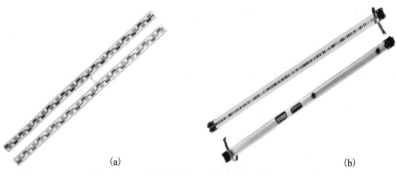

图 1.1.2　木质水准尺(a)和电子水准尺(b)

图 1.1.3　尺垫及水准尺的使用

三、水准仪的分类

水准仪按结构不同可分为微倾水准仪、自动安平水准仪、激光水准仪和数字水准仪(又称电子水准仪),按测量精度不同又可分为精密水准仪和普通水准仪。水准仪型号都以 DS 开头,通常书写省略字母 D;字母后面的数字表示该仪器的精度,数字越小,代表着水准仪精密程度越高。目前水准仪是按仪器所能达到的每千米往返测高差中数的偶然中误差这一精度指标划分的,共分为 4 个等级,详见表 1.1.1。

表 1.1.1　水准仪的分类

水准仪型号	DS0.5	DS1	DS3	DS10
每千米往返测高差中数偶然中误差(mm)	≤0.5	≤1	≤3	≤10

其中,S3 级和 S10 级水准仪又称为普通水准仪,用于国家三等、四等水准及普通水准测量;S05 级和 S1 级水准仪称为精密水准仪,用于国家一等、二等精密水准测量。

四、水准仪及其结构

水准仪及其结构如图 1.1.4 所示。

第一章 认识陆上测绘仪器

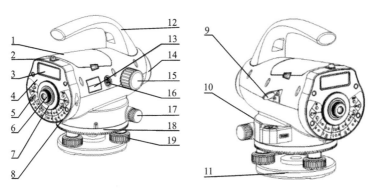

1.电池;2.粗瞄器;3.液晶显示屏;4.面板;5.按键;6.目镜:用于调节十字丝的清晰度;7.目镜护罩:旋转目镜护罩,可以进行机械调整,以调整光学视准线误差;8.数据输出插口:用于连接电子手簿或计算机;9.圆水准器反射镜;10.圆水准器;11.基座;12.提柄;13.型号标贴;14.物镜;15.调焦手轮:用于标尺调焦;16.电源开关/测量键:用于仪器开关机和测量;17.水平微动手轮:用于仪器水平方向的调整;18.水平度盘:用于将仪器照准方向的水平方向值设置为零或所需值;19.脚螺旋。

图 1.1.4 水准仪及其结构

五、水准仪的操作键及其功能

1. 键符及其功能

水准仪键符及其功能见表 1.1.2。

表 1.1.2 水准仪键符及其功能

键符	键名	功能
POW/MEAS	电源开关/测量键	仪器开关机和用来进行测量。 开机,仪器待机时轻按一下;关机,长按约 5s
MENU	菜单键	进入菜单模式,菜单模式有下列选择项:标准测量模式、线路测量模式、检校模式、数据管理和格式化内存/数据卡
DIST	测距键	在测量状态下按此键测量并显示距离
↑↓	选择键	翻页菜单屏幕或数据显示屏幕
→←	数字移动键	查询数据时左右翻页或输入状态时左右选择
ENT	确认键	用来确认模式参数或输入显示的数据
ESC	退出键	用来退出菜单模式或任一设置模式,也可作为输入数据时的后退清除键
0~9	数字键	用来输入数字
—	标尺倒置模式	用来进行倒置标尺输入,并应预先在测量参数下,将倒置标尺模式设置为"使用"

续表 1.1.2

键符	键名	功能
☼	背光灯开关	打开或关闭背光灯
.	小数点键	数据输入时输入小数点；在可输入字母或符号时，切换大小写字母和符号输入状态
REC	记录键	记录测量数据
SET	设置键	进入设置模式，设置模式用来设置测量参数、条件参数和仪器参数
SRCH	查询键	用来查询和显示记录的数据
IN/SO	中间点/放样模式键	在连续水准线路测量时，测中间点或放样
MANU	手工输入键	当不能用[MEAS]键进行测量时，可从键盘手工输入数据
REP	重复测量键	在连续水准线路测量时，可用来重测已测过的后视或前视

2. 显示符号及其含义

水准仪显示符号见表 1.1.3。

表 1.1.3 水准仪显示符号

显示	含义	显示	含义
p	表示当前数据已存储	a/b	表示还有另页或菜单，可按[▲][▼]键翻阅，b 是总页数，a 是当前页
🔋	电池电量指示	Inst Ht	仪器高
BM#	水准点	CP#	转换点
I	标尺倒置		

六、水准仪的菜单界面

1. 设置数据输出位置

在实施线路水准测量之前，为了将观测数据存入仪器内存或 SD 卡，需要将数据输出模式菜单项"数据输出"从默认的记录模式"关"设置为"内存或 SD 卡"。水准仪数据输出位置设置见表 1.1.4。

表 1.1.4　水准仪数据输出位置设置

操作过程	操作	显示
1. 在显示菜单状态下按[SET]键,进入设置模式	[SET]	主菜单　　　1/2 标准测量模式 线路测量模式 检校模式
2. 按[▲]或[▼]键,进入设置记录模式（条件参数）	[▲]或[▼]	设置 测量参数 ▶条件参数 仪器参数
3. 按[ENT]键	[ENT]	设置条件参数 1/2 点号模式 显示时间 ▶数据输出
4. 按[▲]或[▼]键,选择数据输出,再按[ENT]	[▲]或[▼]	设置数据输出 1/2 ▶OFF 内存 SD 卡
5. 按[ENT]键	[ENT]	设置数据输出 1/2 OFF ▶内存 SD 卡

2. 主菜单模式设置

主菜单模式包括以下项目(表 1.1.5),不是所有菜单选项均可同时提供选用。

例如:若记录模式为"USB 和 OFF",则无法进行线路测量和检校模式;如果进入线路测量模式,那么"开始线路水准测量"和"继续线路水准测量"不能同时提供选用。

表 1.1.5　主菜单模式设置

	一级菜单	二级菜单	三级菜单	四级菜单
主菜单[MENU]	标准测量模式	标准测量		
		高程放样		
		高差放样		
		视距放样		
	线路测量模式	开始线路测量	后前前后	
		继续线路测量	后后前前	
		结束线路测量	后前/后中前	
			往返测	
	检校模式	方式 A		
		方式 B		
	数据管理	生成文件夹		
		删除文件夹		
		输入点		
		拷贝作业	内存/SD 卡	作业/点号/BM#
		删除作业	内存/SD 卡	
		查找作业	内存/SD 卡	
		文件输出	内存/SD 卡	
		检查容量	内存/SD 卡	
	格式化		内存/SD 卡	

3. 仪器参数设置

设置键用来对水准仪的参数进行设置,在进行精密测量时,建议使用多次测量,采用多次测量的平均值可以提高测量的精度;用户可根据需要自主选择是否自动关机,在自动关机时间为 5min 的情况下,线路测量过程中关机后也会自动保存上一站的测量数据。水准仪仪器参数设置见表 1.1.6。

表 1.1.6　水准仪仪器参数设置

设置[SET]	测量参数	测量模式	单次测量/N 次测量/连续测量
		最小读数	标准 1mm/精密 0.1mm
		标尺倒置模式	使用/不使用
		数据单位	m/英尺
		限差	前后视距差/累积视距差/高差限差/高差之差限差/视距限值/视高限值
	条件参数	点号模式	点号递增/点号递减
		显示时间	1～9s
		数据输出	OFF/内存/SD 卡/通信口输出
		通信参数	标准参数/用户设置
		自动关机	开/关
	仪器参数	对比度	1～9
		背景光	开/关
		仪器信息	

七、思考题

(1)水准仪是如何进行分类的？
(2)水准仪主要包括哪些结构？
(3)尺垫的作用是什么？

实验二　全站仪的认识和使用

全站仪,全称为全站型电子测距仪,是集水平角、垂直角、距离(斜距、平距)、高差测量功能于一体的测绘仪器系统。电子全站仪主要由电源部分、测角系统、测距系统、数据处理部分、通信接口、显示屏、键盘等组成。在这一节实验内容中,我们将通过了解全站仪的结构,形成对全站仪的基础认识,并掌握全站仪的基本操作。

一、目的和要求

(1)了解全站仪的结构与组成。
(2)掌握利用全站仪测量的基本操作。

二、仪器和工具

全站仪 1 台,三脚架 1 副,对中杆 1 根,棱镜 1 个,记录板 1 个。其中三脚架用来架设全站仪(图 1.2.1),对中杆用来架设棱镜;棱镜(图 1.2.2)是全站仪在测量时的照准目标;记录纸放置在记录板上,用来记录观测到的各种信息(包括测站信息、测量数据等)。

图 1.2.1 安装于三脚架上的全站仪　　　　　图 1.2.2 安装于对中杆上的棱镜

三、全站仪及其结构

全站仪及其结构如图 1.2.3 所示。

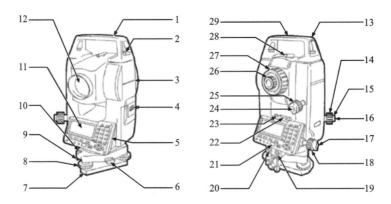

1.提柄；2.提柄固紧螺丝；3.仪器高标志；4.电池盒盖；5.操作面板；6.三角基座制动控制杆；7.底板；8.脚螺旋；9.圆水准器校正螺丝；10.圆水准器；11.显示窗；12.物镜；13.管式罗盘插口；14.光学对中器调焦环；15.光学对中器分划板护盖；16.光学对中器目镜；17.水平制动钮；18.水平微动手轮；19.数据通信插口；20.外接电源插口；21.遥控键盘感应器；22.长水准管；23.长水准管校正螺丝；24.垂直制动钮；25.垂直微动手轮；26.望远镜目镜；27.望远镜调焦环；28.粗照准器；29.仪器中心标志。

图 1.2.3　全站仪及其结构

四、全站仪的基本操作

1. 开机和关机

- {ON}：打开仪器电源。
- {ON}+{☼}：关闭仪器电源。

2. 显示窗和键盘照明

- {☼}:打开或关闭显示窗和键盘背光。

3. 软键操作(软键功能显示于屏幕底行)

- {F1}～{F4}:按{F1}～{F4}选取软键对应的功能。
- {FUNC}:测量菜单翻页。

4. 字母数字输入

- {SET}:在输入字母或数字间进行切换。
- {1}～{9}:在输入数字时,输入按键对应的数字;在输入字母时,输入按键上方对应的字母。
- {.}:输入数字中的小数点。
- {±}:输入数字中的正负号。
- {▲}/{▼}:上、下移动光标。
- {◀}/{▶}:左移、右移光标或选取其他选项。
- {ESC}:取消输入。
- {BS}:删除光标左侧的一个字符。
- {↵}:选取选项或确认输入的数据。

5. 转换模式

- {CNFG}:从状态模式进入配置模式。
- {测量}:从状态模式进入测量模式。
- {内存}:从状态模式进入内存模式。
- {ESC}:从各模式返回状态模式。

五、全站仪的文件操作

它包括在全站仪上可进行的文件选取、更名、删除等操作。

1. 文件选取

(1)在内存模式下选取"文件操作"(图 1.2.4)。

图 1.2.4 内存模式选项框

(2)点击"文件选取"进入文件选取操作菜单屏幕(图1.2.5)。

图1.2.5 文件选取选项框

(3)点击"列表",列出文件名表(图1.2.6)。

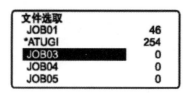

图1.2.6 文件名表

将光标移至所需文件名上后按{↵}键将该文件选取为当前文件。

2. 文件更名

(1)在内存模式下点击"文件操作",然后点击"文件更名"进入文件更名操作菜单屏幕(图1.2.7)。

图1.2.7 文件更名选项框

(2)将待更名文件选取为当前文件(图1.2.8)。

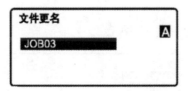

图1.2.8 选中待更名文件

(3)输入新的文件名后按{↵}键完成更名操作,并返回文件操作屏幕。

3. 文件删除

(1)在内存模式下点击"文件操作",点击"文件删除",进入文件删除操作菜单屏幕(图1.2.9)。

图1.2.9　选择文件删除菜单

(2)将光标移至待删除文件名上后按{↵}键(图1.2.10)。

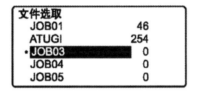

图1.2.10　选中删除文件

(3)按"YES"键删除所选文件,返回文件选取屏幕(图1.2.11)。

图1.2.11　确认删除文件

六、注意事项

(1)全站仪作为精密仪器,需注意防雨防晒防尘。
(2)禁止直接用望远镜观察太阳,以免损坏仪器光学部件,同时避免造成观测者视觉损伤。
(3)仪器装箱前应取下电池,取下电池前务必关闭电源开关。
(4)迁站时必须将仪器从三脚架上取下。

七、思考题

(1)全站仪由哪些部件组成?
(2)全站仪具有哪些功能?
(3)全站仪的文件操作中,如何进行文件的选取、更名和删除?

实验三　GNSS设备的认识和使用

一、目的和要求

(1)了解GNSS设备的结构与功能。

(2)掌握GNSS设备的基本操作。

二、仪器和工具

GNSS接收机1台,三脚架1副,对中杆1根,工作手簿1个(图1.3.1~图1.3.3)。其中GNSS接收机主要用于接收卫星信号,三脚架用于架设基准站,对中杆用于架设移动站,工作手簿用于数据传输。

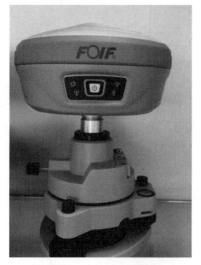

图1.3.1　GNSS接收机

图1.3.2　对中杆

图1.3.3　工作手簿

三、GNSS 测量前的准备工作

1. 选点

在进行选点工作之前，要根据实习或者作业需求，收集测区及其周边地区现有的国家平面控制点、水准点、GNSS 点信息以及卫星定位连续运行基准站的资料等，为后续测量工作做充足准备。

在选点时应注意以下问题：

(1) 尽量保证四周视野开阔，在高度角 15°以上的范围内不能有成片障碍物，以方便在该点测站上安装设备进行后续观测；

(2) 远离电台、电视台等大功率无线电信号发射源，远离高压输电线、变压器等设施；

(3) 远离房屋、围墙、湖泊、池塘等信号反射物，尽量避免在测量过程中出现多路径效应；

(4) 充分利用符合实习或作业测量精度的原有控制点。

2. GNSS 接收机的检验

对于新入手的 GNSS 接收机，要在对其进行全面检验之后才能进行后续测量工作。检验工作的内容主要包括一般性检视、通电检验、附件检验和完整的试测检验。

1) 一般性检视

一般性检视的内容主要有：确认 GNSS 接收机及其天线的外观是否良好；各零部件及其附件、配件是否齐全，是否与主件相配，是否有松动或脱落现象；仪器说明书、操作手册及光盘等是否齐全。

2) 通电检验

通电检验的内容主要有：信号灯、按键及显示系统工作是否正常；仪器自测试的结果是否正常；接收机锁定卫星的时间是否正常；接收到卫星信号的强度是否正常。

3) 附件检验

接收机附件检验的内容主要有：电池、电缆、电源、数据传录设备是否完好；天线或基座上的圆水准器和光学对中器工作是否正常；气象仪表工作是否正常；天线高专用量尺的精度是否满足要求；数据后处理软件是否齐全。

4) 试测检验

试测检验包括接收机内部噪声水平的测试和接收天线相位中心偏差及稳定性检测。

接收机内部噪声水平的测试在实习中一般采用超短基线法进行，即在相距数米的地方安置两个或多个接收机天线，各天线都将接收到的信号分别送往对应的 GNSS 接收机，然后依据各接收机所接收的信号组成双差观测值来解算基线向量，基线向量的理论值应该为零。这一检测结果会受到不同天线进行安置时产生的对中、定向、整平等误差的影响，但由于天线间距离较近，卫星星历误差、大气延迟误差等影响可以忽略不计。

接收天线相位中心偏差及稳定性检测一般通过相对定位法进行，即将 A、B 两台接收机天线分别安置在相距数米的地方，保持天线指标线指北，整平定向后开机观测 1h；接收机天线 A 保持固定不动，将天线 B 分别转动 90°、180°、270°，各观测 1h；接收机天线 B 保持固定不动，将天线A分别转动90°、180°、270°,各观测1h;采用静态定位的方法计算出各时段的基线向量后,求出旋转天线的平均相位中心偏差。

四、GNSS观测文件的数据格式

在测量中,普遍采用的标准数据格式是RINEX格式,该格式采用文本文件形式存储数据,数据记录格式与接收机的制造厂商和具体型号无关。RINEX格式的数据文件采用的是"8.3"的命名方式,即完整的文件名由用于表示文件归属的8字符长度的主文件名和用于表示文件类型的3字符长度的扩展名两部分组成,其具体形式如下:

ssssdddf.yyt

其中:ssss代表4字符长度的测站代号;ddd代表文件中第一个记录数据所对应的年积日;f代表时段号,取值为0~9,A~Z,当它为0时,表示文件包含了当天所有数据;yy代表年份;t代表文件类型,当它为O时代表该文件为观测值文件,为N时代表该文件为GNSS导航电文文件,为M时代表该文件是气象数据文件,为G时代表该文件是GLONASS导航电文文件,为H时代表该文件是地球同步卫星GNSS有效载荷导航电文文件,为C时代表该文件是钟文件。

在实习中,我们最常用到的是观测值文件(即O文件)和GNSS导航电文文件(即N文件)。在每一个观测值文件或气象数据文件中,通常仅包含一个测站在一个观测时段中所获得的数据。但在快速静态或动态测量中,流动接收机通过依次设站所采集的多个测站的数据可以被包含在一个数据文件中。

对于数据的具体文件结构,以O文件和N文件为例,可以参考图1.3.4和图1.3.5。

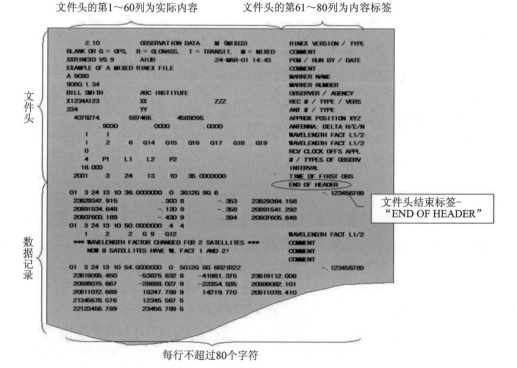

图1.3.4 GNSS观测值文件结构

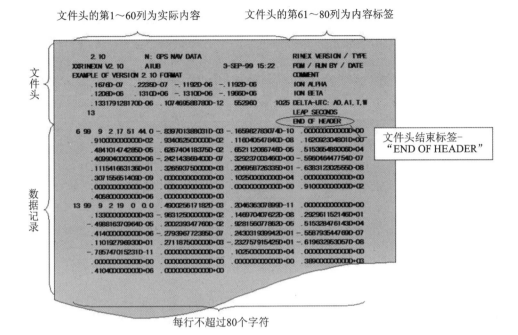

图 1.3.5 GNSS 导航电文文件结构

五、思考题

(1) GNSS 测量前需要做哪些准备工作？
(2) 常用的 GNSS 数据文件有哪些？

第二章　陆地地形测量

地形测量是指进行地形图绘制所需的测量工作,其具体内容包括控制测量和碎部测量。在第一章中,我们学习了常见测量仪器的使用方法,对测量工具有了基本的认识。本章我们将进一步学习利用不同测量工具进行测量的详细过程,掌握地形测量中涉及的常见测量方法。

实验一　角度观测

一、目的与要求

(1)掌握全站仪的光学对中与整平方法。
(2)掌握使用测回法测量水平角。
(3)掌握使用方向观测法测量水平角。
(4)掌握竖直角的测量方法。
(5)掌握各类指标差的计算方法。

二、仪器和工具

全站仪(2″级)1台,三脚架1个,铅笔1支,记录纸1份,记录板1块,工作手簿1个。

全站仪是本次实验中的主要测量仪器,学生在拿到仪器后,首先应该检查仪器型号是否符合所需的精度要求;三脚架用于架设全站仪;在记录纸上,应使用铅笔记录数据,不得使用签字笔替代;无论数据是否正确,都应如实地记录在记录纸中,不得私自擦除;如果需要修改已测数据,在重新测量后应按照规定的格式进行修改并附上批注。

三、实验内容

使用符合测量精度要求的全站仪,通过3~4个测回和方向观测分别进行水平角观测和竖角的观测。组内每位同学都进行至少一个测回的观测工作,并将整组的所测数据按照要求集中记录在记录纸上。

四、实验方法与步骤

1. 测回法（图 2.1.1）

(1) 在测站 O 点安置全站仪，对中整平后，于盘左位置调整目镜至目标显示清晰，再利用物镜十字丝精确瞄准第一个观测目标 A。按照测回数配置好水平度盘后，读取水平度盘读数 $a_\text{左}$ 并记入手簿。

(2) 松开照准部制动螺旋，顺时针旋转，精确瞄准第二个观测目标 B，读取水平度盘读数 $b_\text{左}$ 并记入手簿。

以上操作称为上半测回，测得角值为

$$\beta_\text{左} = b_\text{左} - a_\text{左} \tag{2.1.1}$$

(3) 倒转望远镜成盘右位置，松开照准部制动螺旋，逆时针旋转，精确瞄准第二个观测目标 B，读取水平度盘读数 $b_\text{右}$ 并记入手簿；

(4) 松开照准部制动螺旋，逆时针旋转，再瞄准第一个观测目标 A，读取水平度盘读数 $a_\text{右}$ 并记入手簿。

以上操作称为下半测回，测得角值为

$$\beta_\text{右} = b_\text{右} - a_\text{右} \tag{2.1.2}$$

上、下半测回角值之差如不超过 $24''$，则可取上、下半测回角值的平均值作为一测回的观测结果。即

$$\beta = \frac{\beta_\text{左} + \beta_\text{右}}{2} \tag{2.1.3}$$

如果上、下半测回角值之差超过 $24''$，则外业观测成果不合格，须重新观测。

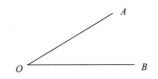

图 2.1.1 测回法观测水平角示意图

2. 方向观测法

方向观测法的特征是在一个测回中把测站上所有要观测的方向逐一照准进行观测，并在水平度盘上读数，求出各方向的方向观测值。三角网计算中的水平角均可由相关的两个方向观测值相减得出。

假设在测站上有 $1,2,\cdots,n$ 个方向要观测，并选定边长适中、通视条件良好、成像清晰稳定的方向 1 作为观测的起始方向（又称零方向）。

上半测回用盘左位置先照准零方向，然后按顺时针方向转动照准部依次照准方向 $2,3,\cdots,n$，再闭合到零方向，并分别在水平度盘上读数。

下半测回用盘右位置，仍然先照准零方向，然后逆时针方向转动照准部由相反次序照准方向 $n,\cdots,2,1$，并分别在水平度盘上读数。

参见图 2.1.2 标示位置。

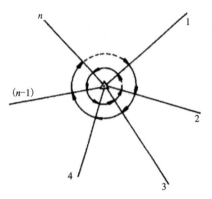

图 2.1.2 方向法观测示意图

除了观测方向数较少（规定不大于3）的站以外，一般都要求每半测回进行以上所述的观测程序，以检查观测过程中水平度盘有无方位的变动。此时每半测回观测就构成一个闭合圆，所以这种观测方法又被称为"全圆方向观测法"。

方向观测法的观测测回数是根据三角测量的等级和所用仪器的类型确定的，见表 2.1.1。

表 2.1.1　方向法观测的测回数

仪器	测回数		
	二等三角测量	三等三角测量	四等三角测量
1″级	15	9	6
2″级		12	9

按全圆方向观测法使用 2″级全站仪进行观测，在每半测回观测结束时，应立即计算归零差，即对零方向闭合照准和起始照准时的读数差，以检查其是否超过限差规定（按四等精度，对于 1″级仪器归零差为 6″，对于 2″级仪器归零差为 8″）。

当下半测回观测结束时，除应计算下半测回的归零差外，还应计算各方向盘左、盘右的读数差，即计算各方向的 2C 值，以检核一测回中各方向的 2C 互差是否超过限差规定（按四等精度，对于 1″级仪器 2C 互差为 9″，对于 2″级仪器 2C 互差为 13″）。如各方向的 2C 值互差符合限差规定，则取各方向盘左、盘右读数的平均值，作为这一测回中的方向观测值。对于零方向有闭合照准和起始照准两个方向值，一般取其平均值作为零方向在这一测回中的最后方向观测值。将其他方向的方向观测值减去零方向的方向观测值，就得到归零后各方向的方向观测值，此时零方向归零后的方向观测值为 $0°00'00''$。

将不同度盘位置的各测回方向观测值都进行归零，然后比较同一方向在不同测回中的方向观测值，它们的互差应小于规定的限差，一般称这种限差为"测回差"（按四等精度，对于 1″级仪器同一方向各测回 2C 互差为 6″，对于 2″级仪器 2C 互差为 9″）。

3. 竖直角观测

(1) 将全站仪安置在测站上，对中整平后，将照准部置于盘左位置，先制动望远镜，再转动望远镜微动螺旋，用十字丝横丝精确地切准目标顶端。

(2) 将全站仪竖盘指标自动补偿装置打开，若提示补偿超限，则需重新整平。重新整平完毕后检查十字丝是否仍切准目标，确认切准后即读取竖盘读数 L，并记入手簿。

(3) 倒转望远镜并将照准部旋转 $180°$，在盘右位置用中丝切准同一目标的同一部位，读取竖盘读数 R 并记入手簿。

(4) 进行竖角和指标差的计算，并将所计算的竖角值和指标差记入手簿。竖角和指标差的计算公式为

$$\delta = \frac{1}{2}(\delta_{\text{左}} + \delta_{\text{右}}) = \frac{1}{2}(R - L - 180°) \tag{2.1.4}$$

$$x = \frac{1}{2}(R + L - 360°) \tag{2.1.5}$$

五、记录格式

1. 测回法观测记录表

测回法观测记录表如表 2.1.2 所示。

表 2.1.2　测回法观测记录表

时间：			测站编号：		仪器型号：	
仪器及编号：			观测者：		记录者：	
测站	竖盘位置	目标	水平度盘读数 ° ′ ″	半测回角值 ° ′ ″	一测回角值 ° ′ ″	备注
	左	A				
		B				
	右	A				
		B				

2. 方向观测法记录表

方向观测法记录表如表 2.1.3 所示。

表 2.1.3 方向观测法记录表

仪器型号:						测站编号:			日期:		
小组号:						观测者:			记录者:		
方向号数及照准目标	读数						2C(L−R)	1/2×(L+R)	方向值		备注
	盘左(L)			盘右(R)							
	°	′	″	°	′	″	″	″	°	′ ″	

3. 竖直角观测记录表

竖直角观测记录表如表 2.1.4 所示。

表 2.1.4 竖直角观测记录表

测站	目标	竖盘位置	竖盘读数 ° ′ ″	半测回竖直角 ° ′ ″	平均角值 ° ′ ″	指标差
		左				
		右				
		左				
		右				
		左				
		右				

六、注意事项

(1)全站仪安放到三脚架上后应立即将中心连接螺旋旋紧,以防全站仪从三脚架上掉下摔坏。

(2)开箱后先观察仪器放置情况,并清点箱内附件情况,用双手取出仪器并随手关箱。

(3)转动各螺旋时要稳、轻、慢,不能用力太大。仪器旋钮不宜拧得过紧,微动螺旋只能旋转到适中位置,不宜过头。螺旋转到头要返转回来少许,切勿继续再转,以防脱扣。

(4)仪器装箱一般要松开水平制动螺旋,试着合上箱盖,不可用力过猛,以免压坏仪器。

(5)瞄准目标时应消除视差,尽量瞄准目标底部。

(6)安置仪器高度要适中,转动照准部及使用各种螺旋时用力要轻。

(7)按观测顺序读数、记录,注意检查限差,超限应重测。

七、思考题

(1)测回法观测水平角适用于测量什么样的水平角度?其观测步骤是什么?

(2)方向法观测的基本原理是什么?

(3)一个测回内在瞄准各方向时能否调焦?为什么?

(4)什么是一测回 2C 互差和各测回同一方向 2C 互差?

(5)一测站各方向中有多少方向超限须重测该测站的所有观测方向?

(6)观测水平角和观测竖直角有哪些异同点?

实验二 水准仪 i 角误差的检验与校正

一、目的与要求

(1)掌握水准仪 i 角误差检验与校正的方法和步骤。

(2)每小组独立测定出所用水准仪的 i 角误差。

二、仪器和工具

水准仪 1 台,三脚架 1 个,水准尺 1 对,记录纸 1 份,记录板 1 块。

三、实验内容

i 角是指水准仪的水准轴和视准轴在垂直面上的投影不平行而形成的夹角。测量 i 角的方法有很多种,但原理基本相同,均是利用了 i 角对水准尺上读数的影响与距离成比例的特点,通过比较不同距离下水准尺上读数的差异来求解 i 角的值。

四、实验方法与步骤

1. 准备

在平坦的场地上选择一长为 61.8m 的直线 J_1J_2,并将其三等分(距离用钢卷尺量取),三等分点分别为 A 和 B,每段长 $S=20.6m$。在 A、B 处各打下一木桩,并钉一圆帽钉。

2. 观测及计算

在 J_1、J_2(或 A、B)处先后架设水准仪(图2.2.1),整平仪器使水准气泡精密符合,在 A、B 标尺上各照准读数4次。在 J_1 设站时,假设 A、B 标尺上4次读数的中数为 a_1 和 b_1;在 J_2 设站时4次读数的中数为 a_2 和 b_2,此时观测值中包含了 i 角误差的影响。在不考虑其他观测误差的情况下,令消除 i 角影响后的标尺读数中数分别为 a_1' 和 b_1'、a_2' 和 b_2'。

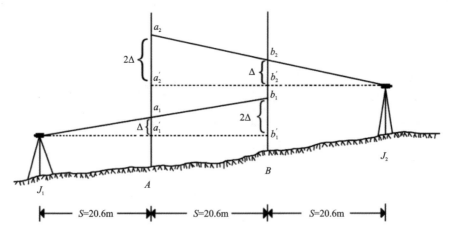

图 2.2.1 i 角检验原理示意图

在测站 J_1 和 J_2 上得到消除 i 角影响后的 A、B 点的高差分别为

$$\begin{cases} h_1' = a_1' - b_1' \\ h_2' = a_2' - b_2' \end{cases} \tag{2.2.1}$$

由于 i 角的存在,在测站 J_1 上得到的 A 尺读数 a_1 与 a_1' 间存在一个误差 Δ,由于 A 点位于点 J_1 和点 B 的中点,因此 B 尺由于 i 角所引起的读数 b_1 与 b_1' 间的误差为 2Δ,即

$$\begin{cases} a_1' = a_1 - \Delta \\ b_1' = b_1 - 2\Delta \end{cases} \tag{2.2.2}$$

在测站 J_2 上观测 B 点和 A 点,由于点 B 位于点 J_2 和点 A 的中点,同样有

$$\begin{cases} a_2' = a_2 - 2\Delta \\ b_2' = b_2 - \Delta \end{cases} \tag{2.2.3}$$

将式(2.2.2)和式(2.2.3)代入式(2.2.1),可以得到

$$\begin{cases} h'_1 = a'_1 - b'_1 = a_1 - b_1 + \Delta \\ h'_2 = a'_2 - b'_2 = a_2 - b_2 - \Delta \end{cases} \quad (2.2.4)$$

在不顾及其他误差影响的情况下，即当 $h'_1 = h'_2$ 时，有

$$2\Delta = (a_2 - b_2) - (a_1 - b_1) \quad (2.2.5)$$

式中，$(a_1 - b_1)$ 和 $(a_2 - b_2)$ 是仪器存在 i 角误差时，分别在测站 J_1 和 J_2 上测得 A、B 两点间的高差，分别以 h_1 和 h_2 表示，则式(2.2.5)可写作

$$\Delta = \frac{1}{2}(h_2 - h_1) \quad (2.2.6)$$

由图 2.2.1 知

$$\Delta = i'' S \frac{1}{\rho''} \quad (2.2.7)$$

故

$$i'' = \frac{\rho''}{S} \Delta \quad (2.2.8)$$

其中，ρ'' 为常数，其值约 206 265，它是指"一弧度对应的秒值"，即一弧度约等于 206 265s。由于将 61.8m 的测线三等分后，每一段的长度均为 20.6m，因此式(2.2.8)可以简化作

$$i'' = 10\Delta \quad (2.2.9)$$

3. 校正

水准规范规定，用于精密水准测量的仪器，如果 i 角大于 $15''$，则需要进行校正。校正通常在 J_2 测站上进行，先求出水准标尺 A 上的正确读数 $a'_2 = a_2 - 2\Delta$，调节测微螺旋和倾斜螺旋，使水准标尺 A 上的读数为 a'_2，此时水准器气泡影像分离，校正水准器的上、下改正螺旋，直到气泡两端影像恢复符合为止。然后检查另一水准尺 B 上的读数是否正确（其正确读数为 $b'_2 = b_2 - \Delta$），否则还应反复进行检查校正。在校正水准器的改正螺旋时应先松开一个改正螺旋，再拧紧另一改正螺旋，不可将上、下两个改正螺旋同时拧紧或同时松开。

在测定 i 角时，必须尽量保证在整个检验过程中 i 角不发生变化，同时不受其他误差影响。实际操作中，由于温度的变化，i 角可能也会随之发生变化，所以最好在阴天测定 i 角。

五、记录格式

i 角检验实习记录表如表 2.2.1 所示。

表 2.2.1 i 角检验实习记录表

日期： 时间：	标尺型号： 仪器编号：
观测者： 记录者： 检查核验者：	

续表 2.2.1

仪器站	观测次序	标尺读数		高差 $a-b$/mm	i 角的计算
		A 尺读数 a	B 尺读数 b		
J_1	1				A、B 标尺间距离 $S=20.6$m $2\Delta = (a_2-b_2)-(a_1-b_1)$ $i'' = \dfrac{\rho''}{S}\Delta \approx 10''\Delta$ 校正后 A、B 标尺上正确的读数 $a_2{'}$、$b_2{'}$ 为 $\begin{cases} a_2{'} = a_2 - \Delta \\ b_2{'} = b_2 - \Delta \end{cases}$
	2				
	3				
	4				
	中数				
J_2	1				
	2				
	3				
	4				
	中数				

六、注意事项

(1)水准仪安放到三脚架上后必须立即将中心连接螺旋旋紧,以防仪器从脚架上掉下摔坏。

(2)转动各螺旋时要稳、轻、慢,不能用力太大。仪器旋钮不宜拧得过紧,微动螺旋只能旋转到适中位置,不宜过头。螺旋转到头要返转回来少许,切勿继续再转,以防脱扣。

(3)使用水准仪的 3 个升降旋钮将仪器精确调平,将仪器旋转至各个方向并观测气泡是否位于圆圈中间,若有偏移应进行微调,最后要保证各个方向气泡均位于圆圈中间。

(4)在地势平坦的地方进行 3 段 20.6m 距离量测时,观测目标应尽量保持在一条直线上。

(5)在测高差时,注意满足各项限差的要求。

七、思考题

(1)水准仪 i 角误差检验的基本原理是什么?

(2)水准仪 i 角误差如何消除?

(3)在利用水准仪检验 i 角时,为何选择 3 段等长的 20.6m 进行检验?可以任意选 3 段相等的距离进行 i 角检验吗?

实验三 水准测量

一、目的和要求

(1)了解二等与四等水准测量的限差要求。

(2)掌握用水准仪进行二等与四等水准测量的步骤。

二、仪器和工具

水准仪1台,三脚架1个,水准尺2个,尺垫2个,记录板1块。水准仪用来测量地面两点间高差;三脚架用来架设水准仪;水准尺用来提供水准点或转点到视线的铅垂距离;尺垫放置在转点上,起到传递高程的作用;记录纸放置在记录板上,用来记录观测时的测站信息和测量数据等观测成果。

三、实验内容

用水准仪按照二等与四等水准测量的要求测量一条闭合水准路线。

1. 四等水准测量每个测站的限差

前、后视距≤80m,前后视距差≤3m,累计视距差≤10m,黑红面读数差≤3mm,黑红面所测量高差之差≤5mm,水准路线高差闭合差 $f_h \leqslant 20\sqrt{S}$(单位是mm)。

2. 二等水准测量每个测站的限差

前、后视距≤50m,前后视距差≤1.5m,两次读数差≤0.4mm,所测量高差之差≤0.6mm,累计视距差≤5m,水准线路高差闭合差 $f_h \leqslant 4\sqrt{S}$(单位是mm)。

四、实验方法与步骤

1. 选定施测路线

在地面上选取一点作为高程起始点,选择一定长度、有一定起伏的路线组成一条闭合水准路线,该闭合水准路线应包含偶数个测站。

2. 四等水准测量

1)每个测站上的观测程序
(1)安置整平仪器,照准后尺黑面,调节微倾螺旋使符合水准器严密居中,依次读取上、下丝及中丝读数,并将数据依次记入四等水准测量记录表(表2.3.1)中(1)(2)(3)的位置。
(2)转动水准仪,照准前尺黑面,调节微倾螺旋使符合水准器严密居中,依次读取上、下丝及中丝读数,并将数据依次记入表2.3.1中(4)(5)(6)的位置。
(3)前尺变红面朝向仪器,使符合水准器严密居中,读取中丝读数,并将数据记入表2.3.1中(7)的位置。
(4)后尺变红面并朝向仪器,使符合水准器严密居中,读取中丝读数,并将数据记入表2.3.1中(8)的位置。
以上观测顺序简称为后→前→前→后,或黑→黑→红→红。
2)计算与检核
在记录的同时,应及时进行计算及检核,不能等待观测完再计算,发现问题及时提醒观测员进行补救。表2.3.1中的计算内容如下。

(1)视距部分。

后视距离:(15)=(1)-(2)≤80m

前视距离:(16)=(4)-(5)≤80m

前、后视距差:(17)=(15)-(16)≤3.0m

视距累积差:(18)=本站(17)+前站(18)≤10.0m

(2)高差部分。

前尺红黑面读数差:(9)=(6)+K-(7)≤3.0mm

后尺红黑面读数差:(10)=(3)+K-(8)≤3.0mm

两尺黑面高差:(11)=(3)-(6)

两尺红面高差:(12)=(8)-(7)

黑面高差与红面高差之差:(13)=(11)-(12)±0.1=(10)-(9)≤5.0mm

高差中数:(14)={(11)+(12)±0.1}/2

高差中数式的 0.1 是两水准尺红面零点差之差,即 4.687 和 4.787 之差。作业时,对每一个测站均必须全部计算完毕,并确认符合限差要求后,才能移动后尺尺垫和迁站,否则出现问题就会造成全测段的重测。

3. 二等水准测量

1)每个测站上的观测程序

二等水准测量按往返测进行,往测奇数站的观测程序为"后前前后",偶数站的观测程序为"前后后前";返测的观测程序与往测相反,即奇数测站采用"前后后前",而偶数测站采用"后前前后"的观测程序。因二等水准测量精度要求较高,一般采用电子水准仪进行观测。

下面以"后前前后"为例,说明使用电子水准仪进行二等水准测量的操作步骤:

(1)整平仪器(望远镜绕垂直轴旋转,圆气泡始终位于指标环中央)。

(2)将望远镜对准后视标尺(此时标尺应按圆水准器整置于垂直位置),用垂直丝照准条码中央,精确调焦至条码影像清晰,按测量键。

显示读数后,旋转望远镜照准前视标尺中央,精确调焦至条码影像清晰,按测量键。

(3)显示读数后,重新照准前视标尺,按测量键。

(4)显示读数后,旋转望远镜照准后视标尺条码中央,精确调焦至条码影像清晰,按测量键,显示测站成果。测站检查合格后迁站。

2)检核

(1)视距部分。

后视距离:≤50m

前视距离:≤50m

前、后视距差:≤1.5m

视距累积差:≤5.0m

(2)高差部分。

前尺读数差:≤0.4mm

后尺读数差：≤0.4mm

两次测量的高差之差：≤0.6mm

五、记录格式

四等水准测量记录表如表 2.3.1 所示。

表 2.3.1 四等水准测量记录表

测站编号	点号	后尺 下丝 上丝	前尺 下丝 上丝	方向及尺号	标尺读数(m)		黑+K-红(mm)	高差中数(m)	备注
		后视(m)	前视距(m)		黑面	红面			
		视距差 d(m)	Σd(m)						
		(1)	(4)	后	(3)	(8)	(10)		
		(2)	(5)	前	(6)	(7)	(9)	(14)	
		(15)	(16)	后-前	(11)	(12)	(13)		
		(17)	(18)						
				后					
				前					
				后-前					
				后					
				前					
				后-前					K为水准尺常数
				后					
				前					
				后-前					
				后					
				前					
				后-前					
				后					
				前					
				后-前					

二等水准测量记录表如表 2.3.2 所示。

表 2.3.2　二等水准测量记录表

测站编号	后距 视距差 d(m)	前距 $\sum d$(m)	方向及尺号	标尺读数 第一次读数	标尺读数 第二次读数	两次读数之差	备注
			后				
			前				
			后－前				
			h				
			后				
			前				
			后－前				
			h				
			后				
			前				
			后－前				
			h				
			后				
			前				
			后－前				
			h				
			后				
			前				
			后－前				
			h				
			后				
			前				
			后－前				
			h				

六、注意事项

(1) 转点起着传递高程的作用，在相邻转站过程中，尺位要严格保持不变，否则会给高差带来误差，而且转点上的读数一为前视读数，一为后视读数，两个读数缺一不可。一般来说，转点上应放置尺垫。

(2) 按规范要求每条水准路线测量测站个数应为偶数站，以消除两根水准尺的零点误差。

(3) 水准尺要尽量竖直，以减小水准尺倾斜所造成的读数的误差。

(4)每个测站必须等全部计算完毕并确认符合限差要求后才能迁站。

七、思考题

(1)四等水准测量每个测站的观测步骤是什么?
(2)二等精密水准测量作业与四等水准测量操作步骤的区别有哪些?
(3)水准测量时前后视距大致相等能消除哪些误差?

实验四　导线测量

一、目的与要求

(1)了解各级导线测量的精度要求。
(2)掌握导线测量的方法与步骤。

二、仪器与工具

全站仪 1 台,三脚架 3 个,棱镜 2 个,记录板 1 个。

全站仪用于测量导线夹角与边长;一个三脚架用于架设全站仪,另两个用于架设棱镜(由于导线测量精度要求高,用三脚架架设棱镜更稳定);棱镜位于导线点正上方,面朝全站仪便于读数;记录纸放置在记录板上,用来记录观测时的测站信息、方向值和距离等观测成果。

三、实验内容

选择一条合理的线路进行四等导线或一级导线测量。

选点的要求:地基稳固,方便架设仪器和后期进行碎部测量;选取的导线点应超出施工挖填范围一定距离;相邻两点之间通视良好;各点与前、后相邻点之间的距离尽量等长。

导线分为附合导线与闭合导线。附合导线案例如图 2.4.1 所示,其中 $G1$、$G2$、$G3$、$G4$ 为已知点,$D1$、$D2$、$D3$ 为待测点。闭合导线案例如图 2.4.2 所示,其中 A、B 为已知点,1、2、3、4 为待测点。

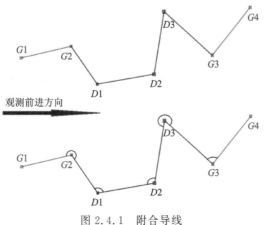

图 2.4.1　附合导线

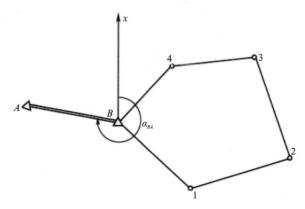

图 2.4.2　闭合导线

导线测量技术要求如表 2.4.1 所示。

表 2.4.1　导线测量技术要求

等级	导线长度 (km)	平均边长 (km)	测角中误差 (″)	测回数 DJ$_6$	测回数 DJ$_2$	角度闭合差(″)	导线全长相对闭合差
三等	≤15	3	≤1.5	—	12	$\pm 3\sqrt{n}$	≤1/60 000
四等	≤10	1.6	≤2.5	—	6	$\pm 5\sqrt{n}$	≤1/40 000
一级	≤3.6	0.3	≤5	4	2	$\pm 10\sqrt{n}$	≤1/14 000
二级	≤2.4	0.2	≤8	3	1	$\pm 16\sqrt{n}$	≤1/10 000
三级	≤1.5	0.12	≤12	2	1	$\pm 24\sqrt{n}$	≤1/6 000

四、实验方法与步骤

(1)在控制点上架设已经鉴定、校正合格的全站仪,按实际情况设置气温、气压等参数,精确对中、整平。两个棱镜分别立在测站点前、后的相邻控制点上。

(2)盘左位照准后方点,手动将水平角置零,并在观测记录表上记下此时水平角的读数。测距过程中可多测量几次,选择稳定值,做好记录。

(3)盘左位照准前方点,这时水平角读数会发生变化,需要记录下这个变化的读数。同前面进行同样的测中和记录,至此完成上半测回的测量工作。

(4)盘右位照准后方点,记录水平角读数,测距并记录读数。

(5)盘右位照准前方点,记录水平角读数,测距并记录读数,至此完成一个完整的测回工作。

(6)第二测回的操作与第一测回基本相同,唯一不同的是置盘的初始读数(每测回按照 180/n 的差值变换度盘的起始位置),当每个测站都按要求的测回数观测完成后,就进入下一个测站,再进行同样的操作,直到测完全部的导线夹角与导线边长为止。

(7)导线外业测量完成后,计算所测导线的角度闭合差与相对闭合差,若闭合差符合精度要求,则导线测量结束;若闭合差超限,则需复测至闭合差符合精度要求为止。

五、记录格式

导线测量观测记录表如表 2.4.2 所示。

表 2.4.2　导线测量观测记录表

测站	测回	竖盘位置	目标	水平盘读数 (° ′ ″)	左角角值 (° ′ ″)	平均角值 (° ′ ″)	距离	目标点标高	高差	备注
		左								
		右								
		左								
		右								
		左								
		右								
		左								
		右								

六、注意事项

(1)导线的边长、导线点的个数需满足规范要求。

(2)应在每一个导线点上安置仪器,每一条边都要双向观测。

(3)观测前后均需测量一次仪器高和棱镜高。

(4)按照国家工程测量规范,导线测量中水平角观测必须进行置盘。根据导线测量精度要求,多测回方向观测,为消除度盘刻划不均匀所造成的误差,每测回按照 $180/n$ 的差值变换度盘的起始位置。

(5)在导线测量中,导线的夹角分为左角和右角,在导线前进方向左侧的水平角称为左角,在导线前进方向右侧的水平角称为右角。若无观测误差,在同一个导线点测得的左角和右角之和应等于 360°。

七、思考题

(1)进行导线测量过程中,每一测站应如何置盘?在每一测回结束时应如何置盘?
(2)选取导线点时有哪些注意事项?
(3)导线测量技术要求有哪些?

实验五　测距加常数的测量

一、目的和要求

掌握利用全站仪进行测距加常数测量的原理和方法。

二、仪器和工具

全站仪1台,三脚架3个,棱镜2个,纸质记录手簿若干。

全站仪用来测距;3个三脚架固定好位置后,根据实际需要分别选择用来架设全站仪和棱镜;棱镜是全站仪测距时照准的目标;纸质记录手簿用来记录测量的平距。

三、实验内容

在使用全站仪对目标(反射棱镜)进行测距时,由于仪器的电路信号延迟,仪器的发射面和接收面与仪器中心不一致,反光棱镜的等效反射面与反光棱镜的中心不一致等原因,测出的距离值与实际距离值之间存在一定误差。为了改正这种测距误差,需要引入测距加常数。加常数是测得的距离与实际距离之间的常差,一般而言,在仪器出厂前均已测定并采用电路延迟的补偿办法加以预置。但是,由于仪器在长途运输和长期使用后,加常数会发生变化,所以应定期检测,以便对观测成果进行改正。本次实验内容即对全站仪的测距加常数加以测定。

四、实验步骤

(1)在平坦场地上选择相距约100m的两点(A 和 B),分别在 A、B 两点上架设仪器和棱镜,同时确定 A、B 两点的中点 C。
(2)精确测定 A、B 两点间的水平距离10次,计算其平均值。
(3)将仪器移动到 C 点,并分别在 A 点和 B 点上架设棱镜。
(4)精确测定 CA 和 CB 的水平距离10次,分别计算其平均值。
(5)按照下面公式计算该仪器的测距加常数 K:

$$K = AB - (CA + CB) \tag{2.5.1}$$

(6)重复步骤(1)~(5),进行2~3次测距加常数 K 的测量。

五、数据记录

记录格式见表 2.5.1。

表 2.5.1 测距加常数测量记录手簿

时间:			观测者:			
仪器编号:			记录者:			
距离起止	距离读数	距离读数	距离读数	距离读数	距离读数	距离均值
A 至 B						
B 至 A						
C 至 A						
C 至 B						
测距加常数 $K = AB - (CA + CB) =$						

六、注意事项

(1) 两次测量的测距加常数之差要在 3mm 内,否则需要重测。
(2) 测量前将全站仪测距参数中的加常数设置为 0。
(3) 不同的棱镜,其测距加常数也不同,需要分别测定。

七、思考题

(1) 什么是测距加常数?
(2) 测距加常数的测量原理和测量步骤是什么?

实验六 数字测图课间实验

一、实验目的和要求

(1) 了解并熟悉数字测图的基本思想和方法。
(2) 掌握使用全站仪进行碎部测量的基本操作步骤。
(3) 熟悉绘制草图的过程和软件成图的方法。

二、人员组织和实验仪器准备

每组 5～6 人,作业人员一般配置为:观测员 1 人,记录员 1 人,草图员 1 人,跑尺员 1～2

人。另外需要全站仪(包括棱镜、棱镜杆、脚架、通信电缆)1套,对讲机1个、记录板1块。

三、实验内容

数字化测图包括两个阶段,即控制测量和地形特征点(碎部点)的采集,实施数字测图之前必须先进行控制测量。在通视条件好的地方,图根点可稀疏些;在地物密集、通视困难的地方,图根点要密一些。等级控制点尽量选在制高点上,由于是课间实验,所以控制点可以直接选用学校已经做好的点,但要学会合理布设控制点,在野外实习时应掌握控制点的选取方法。

实施数字测图前,应准备好仪器设备、控制成果和技术资料。仪器设备主要包括全站仪、对讲机、备用电池、通信电缆(若使用全站仪的内存或内插式记录磁卡,则不需要此电缆)、对中杆、棱镜、皮尺或钢尺等。全站仪、对讲机应提前充电。在数字测图中,由于测站到镜站距离比较远,因此需要配备对讲机。

在测量过程中,能测到的点要尽量测,实在测不到的点用皮尺或钢尺量距,将丈量结果记录在草图上。每个人互换角色,从观测员、跑尺员到绘图员都应充分练习,了解并熟悉操作步骤。

四、实验步骤

1. 整置仪器

首先安置仪器,包括对中、整平,按下仪器电源开关,转动望远镜,使全站仪进入观测状态,再按MENU键,进入主菜单。

2. 键入控制点的坐标

要输入测站点的坐标、高程和仪器高等。有的测图软件本身具有测站设置的功能,要求用户在对话窗中输入测站点号、后视点号以及安置仪器的高度,由程序自动提取测站点及后视点的坐标并反算后视方向的方位角。

3. 输入数据文件名

在主菜单下,输入数据采集文件名,这个文件名与内业输入控制点坐标的文件名相同。

4. 定向检核

为确保设站正确,必须选择其他已知点做检核,检核不通过时不能继续测量,此时测量的碎部点坐标与实际不符,无法在内业绘图中使用。

5. 碎部点测量

在数据采集菜单下开始碎部点测量。照准目标(棱镜),依次输入点号、编码、目标高,选择某一测量方式或坐标开始测量、记录。绘图员进行草图绘制,要把所测点的属性及相互间连接关系在草图上反映出来,供内业处理和图形编辑时使用。碎部点记录见表2.6.1。

表 2.6.1　数字测量记录表

日期	测站	仪器高	观测者	记录者	其他小组人员	
点号	视距	视距	竖盘读数(m)	水平距离(m)	水平角	高程(m)

6. 软件成图

将所测的数据传入电脑，并用相应的软件（如 CASS）进行成图，成图过程参见软件说明书。

五、注意事项

(1) 全站仪作为精密电子仪器，需要注意防雨、防晒、防尘。取出仪器后小心地安置在三脚架上，并立即旋紧仪器与三脚架的中心连接螺旋。

(2) 草图的绘制要遵循清晰、易读、相对位置准确、比例一致的原则。依比例的规则建筑物只需测出 3 点，第四点可由计算机来完成。

(3) 不规则的地貌应尽量多测一些点，因为在传统测图中，一些细小的变化可通过手绘完成，但在数字测图中，通过计算机模拟很难真实地反映出这些实际地形。

(4) 禁止观测员直接用望远镜观察太阳，以免造成眼睛损伤。全站仪装箱前应取下电池，取下电池前务必关闭电源开关。

(5) 迁站时必须将全站仪从三脚架上取下装箱搬运，并注意防震。

(6) 在全站仪中输入的各项参数（如仪器高，已知点坐标等）要设置正确。

(7) 测量期间若发生故障，应及时向指导教师或实验室工作人员汇报，不得自行处理。

六、思考题

(1) 数字测图包括哪两个阶段？主要步骤是什么？

(2) 何谓碎部测量？碎部测图的方法有哪些？

第三章　GNSS 相对定位测量

GNSS(global navigation satellite system,全球导航卫星系统)是通过接收在空间飞行的卫星所发射的无线电信号来实现导航和定位的系统。目前覆盖全球的 GNSS 系统包括:GPS(美国)、GLONASS(俄罗斯)、Galileo(欧盟)以及 BDS(中国)。

GNSS 定位的方式分为绝对定位和相对定位,绝对定位也称单点定位,相对定位在施测过程中又包括静态相对定位、快速静态相对定位、动态相对定位和实时动态相对定位。静态相对定位主要用于精密控制测量,快速静态相对定位和动态相对定位主要用于较小范围的控制测量(应用越来越少,已逐渐被 RTK 取代),实时动态相对定位亦称实时差分测量 RTK(real time kinematic,实时动态),主要用于数据采集、图根控制和施工放样等,具体又分为单基站 RTK(也称常规 RTK)和多基准站 RTK(也称网络 RTK)两种方法。

在海洋测绘中,测量船一般通过在船体上装载 GNSS 接收机,来接收卫星信号并解算位置信息,在进行船体姿态等改正后,再进一步根据船体坐标系与常用大地坐标系之间的转换关系,来确定船体的实时位置。本章将重点介绍 GNSS 动态相对定位(包括单基站 RTK 和网络 RTK)和静态相对定位。

实验一　GNSS 动态相对定位

一、目的和要求

(1)了解 RTK 测量系统的分类与构成。
(2)熟悉 RTK 测量系统的连接与设置。
(3)熟练掌握 RTK 测量系统的数据采集。

二、仪器和工具

GNSS 接收机 1 台或 2 台,三脚架 1 副,对中杆 1 根,工作手簿 1 个。

其中 GNSS 接收机用于接收卫星信号,三脚架用于架设基准站,对中杆用于架设移动站,手簿用于数据传输。

三、RTK 测量系统的构成

1. 单基站 RTK 系统

RTK,是指利用 GPS 载波相位观测值进行动态相对定位的技术。单基站 RTK 用户系统由一台基准站(亦称参考站)接收机、一台或多台流动站接收机,以及用于数据实时传输的数据链系统构成(图3.1.1)。基准站的设备包括 GNSS 接收机、GNSS 天线(通常与接收机合为一体)、无线数据传输电台、数据链发射天线、电瓶、连接电缆等;流动站的设备由 GNSS 接收机及天线、数据链接收电台(一般将接收电台模块放置在主机内)、数据链接收天线、工作手簿(控制器)等组成,流动站的主机与工作手簿之间主要采用蓝牙无线通信。

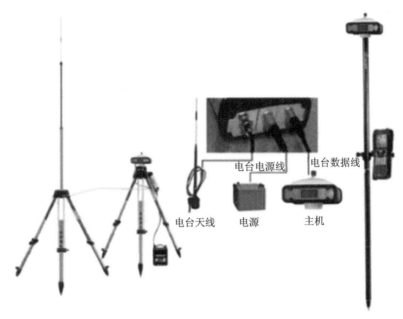

图 3.1.1　RTK 基准站和流动站的主要设备

GNSS 接收机是接收卫星信号的主要设备,流动站和基准站上的接收机通常是一样的(图3.1.2)。图3.1.2 的 GNSS 接收机是动静态一体机,可以根据需要进行动态测量与静态测量的切换。接收机各按键功能见表3.1.1。

图 3.1.2　GNSS 接收机

表 3.1.1　接收机按键(参考)

按键	功能	作用或状态
开机键	开关机,确定,修改	开机、关机,确定修改项目,选择修改内容
F1 或 F2 键	翻页,返回	一般为选择修改项目,返回上级接口
重置键	强制关机	特殊情况下关机键,不会影响已采集数据
DATA 灯	数据传输灯	按采集间隔或发射间隔闪烁
BT 灯	蓝牙灯	蓝牙接通时 BT 灯长亮
RX 灯	收信号指示灯	按发射间隔闪烁
TX 灯	发信号指示灯	按发射间隔闪烁

RTK 工作手簿(控制器)是 GNSS 实时数据处理的关键设备,参数设置、基线解算、坐标计算、坐标转换、数据记录等都需要在工作手簿中进行。进口 RTK 工作手簿多为与接收机配套的专用手簿,其面板图上有较多按键和功能键。国产 RTK 工作手簿多为在 PDA 端(即掌上电脑)开发的,如图 3.1.3 所示为国产 RTK 的工作手簿。

一般工作手簿连接电脑有两种模式:一种为同步模式,另一种为 U 盘模式。两种模式可以互相切换,切换方法为:打开手簿的【控制面板】,显示如图 3.1.4(a),双击"USB 功能切换"图标,在下拉列表[图 3.1.4(b)]选择"同步模式"或"U 盘模式"完成模式切换。

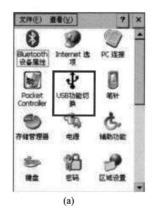

(a)

(b)

图 3.1.3　国产 RTK 工作手簿　　　　图 3.1.4　工作手簿模式切换示意图

数据链通信分为电台通信模式和网络通信模式。电台模式采用无线电通信技术进行数据的传递,而网络模式则属于通用分组无线业务,是在现有的 GSM 系统上发展出来的一种新的分组数据承载业务。

2. 网络 RTK 及连续运行参考系统

1)网络 RTK

在单基站 RTK 中,由于流动站和基准站之间求差后仍存在未消除干净的残余轨道误差、残余电离层延迟和对流层延迟误差,并且这些误差都与流动站和基准站之间的距离有关,因此我们需要对流动站和基准站之间的距离加以严格的限制(一般情况下要求小于15km),以此来确保定位精度。而网络 RTK 技术是在一个较大的区域内大体均匀地布设若干个基准站(一般为3个或3个以上),并反解出基准站间的残余误差项,用户根据自己的概略坐标内插出自己与基准站间的残余误差项(单基站 RTK 将其视为零),以实现实时厘米级精度的定位方式。网络 RTK 定位中,流动站用户可以同时利用周围的多个基准站的差分改正值提高自身定位精度,因此流动站和基准站之间的距离可以大大增加(50～100km)。

网络 RTK 通常由基准站网、数据处理及数据播发中心、数据通信链路及用户等部分组成。

(1)基准站网。

基准站的数量是由覆盖范围的大小、定位精度以及所在区域的外部环境等(如电离层延迟的空间相关性)来决定的。至少应有3个基准站,每个基准站上均应配备全波长的双频 GNSS 接收机、数据传输设备及气象仪器等。基准站的精确坐标应已知,且具有良好的 GNSS 观测环境。

(2)数据处理中心及数据播发中心。

数据处理中心的主要任务是对来自各基准站的观测资料进行预处理和质量分析,并进行统一解算,实时估计出网内各种系统性的残余误差,建立相应的误差模型,然后通过数据播发中心将这些信息传输给用户。

(3)数据通信链路网络。

RTK 中的数据通信分为两类:一类是基准站、数据处理中心以及数据播发中心等固定台站间的数据通信。这类通信可以通过光纤、光缆、数据通信线等方式来实现,当然也可以通过无线通信的方式来实现。第二类是数据播发中心与流动用户之间的移动通信,可采用 GSM、GPRS、CDMA 等方式来实现。

(4)用户。

用户除了需配备 GPS 接收机外,还应配备数据通信设备及相应的数据处理软件。

2)连续运行参考系统

连续运行参考系统(continuously operating reference stations,CORS)是运用网络 RTK 技术,将若干个固定的、连续运行的 GNSS 参考站,与现代计算机、数据通信和互联网(LAN/WAN)技术融合,全天候地和实时地向不同类型、不同需求、不同层次的用户提供经过检验的不同类型的 GNSS 观测值(载波相位、伪距)、各种改正数和状态信息,以及其他有关 GNSS 服务项目的系统。图 3.1.5 为国产 CORS 系统的部分硬件配置。

图 3.1.5　国产 CORS 系统的部分硬件配置

四、RTK 数据采集步骤

1. 单基站 RTK

1）准备工作

（1）建立工程文件。在现场或室内开启电子手簿,在手簿的数据采集软件中新建作业工程。

（2）设置坐标系统。在新建作业工程下选择椭球（源椭球一般为 WGS-84,目标椭球与已知点的坐标系一致）的长半轴及扁率,选择投影类型（一般选自定义高斯投影）的中央子午线、东向加常数（一般为 500km）、尺度比（一般设置为 1）、平均纬度等。参数设置完成后务必保存,否则设置无效。

（3）架设基准站。在测区位置较高、视野开阔的地方安置 GNSS 接收机作为基准站,当采用外挂电台时,在其附近（3m 以外）架设数传电台与天线,连接相关电缆。

2）启动基准站

（1）开机。开启基准站主机电源和数传电台,设置好主机工作模式（RTK 模式）。

（2）基准站设置。在手簿中设置接收机类型、连接方式（蓝牙）、端口和波特率;靠近主机并进行蓝牙搜索,连接成功后会在接收机信息窗口显示主机机号;继续设置基准站点名、天线高、高度角（一般设置为 15°）、差分模式（RTK）、数据传输格式（CMR、CMR+、RTCM 等）、数据链模式（内置或外挂电台类型、电台频道与频率,或内置网络的运营商、服务器 IP、端口等）、测量点精度等。

3）启动流动站

（1）开机。开启流动站接收机电源开关,设置好接收机工作模式（RTK 模式）,利用蓝牙将电子手簿与流动站建立连接,并设置流动站参数。

（2）流动站设置（与基准站设置类同）。设置完流动站参数后,流动站就可接收到基准站的改正数据,并获得窄带固定解,当电子手簿显示流动站位置固定后,即可进行点位测量。

4）点校正（坐标转换）

（1）测量已知点的源坐标。用流动站测量 3 个以上的已知点,得到其在 WGS-84 坐标系下的源坐标。

（2）求解转换参数。利用电子手簿调用已知点的测区坐标及测得的源坐标,计算坐标转换参数（一般选择四参数+高程拟合）;利用该套转换参数重新测量最近的已知点,查看点的平面和高程残差以及尺度比（尺度比要求介于 0.999 99~1.000 01 之间）,满足精度要求后即可开始图根点测量。

5）数据采集（碎部测量）

求定转换参数后就可以进行数据采集。将移动站对中杆立在碎部点上,保持对中杆气泡居中,静止数秒,当电子手簿出现固定解状态后,即可保存碎部点的坐标和高程。进行下一个碎部点测量时,点号会自动增加,且天线高、属性值均默认与上一点相同。

RTK 数据采集过程中,当长时间不能获得固定解的时候,应断开通信链路,再次进行初始化操作,电子手簿显示固定解后方可进行测量。每次作业开始与结束前,均应进行已知点的检核。

2. 连续运行参考系统(CORS)

基于 CORS 的动态相对定位过程中,只需 1 台接收机作流动站,外加一个电子手簿和 1 根对中杆。

1)准备工作

(1)建立工程文件(同单基站 RTK 测量)。

(2)设置坐标系统(同单基站 RTK 测量)。

2)流动站设置

(1)开机。在主机中插入电话卡,开启流动站接收机电源开关,设置好接收机工作模式(RTK 模式)。

(2)连接接收机。在手簿中设置接收机类型、连接方式(蓝牙)、端口和波特率;靠近接收机并进行蓝牙搜索,连接成功后,会在手簿的接收机信息窗口显示接收机机号。

(3)设置数据链参数。选择 CORS、运营商(CMNET 或 CDMA)、服务器 IP、端口、源节点,rtcm(一般小写)或 CMR、输入用户名、密码。

(4)流动站设置。设置流动站测量的起始编号、天线高(一般为 2m)、高度角(一般为 15°)、差分模式(RTK)、数据传输格式(CMR、CMR+、RTCM 等)、GGA(选 1~5)、测量点精度等。

3)点校正(坐标转换)

不同的 CORS 系统可能发授不同的坐标系数据,若发授的坐标数据与测区使用的坐标系一致,则无须再做点校正,可直接使用测得的点坐标和高程。若两者不一致,则需进行点校正来求得坐标转换参数,这一过程与单基站 RTK 测量点校正相同。

4)数据采集(碎部测量)

与单基站 RTK 基本相同。

五、注意事项

(1)实习前须认真阅读实习指导书,明确本次实习的目的及要求。

(2)GNSS 接收机是很贵重的精密仪器,在使用过程中要十分细心,以防损坏。

(3)电池、电缆插头要对准插进,用力不能过猛,以免折断。

六、思考题

(1)RTK 测量中手簿的作用是什么?

(2)单基站 RTK 数据采集的主要步骤包括哪些?

(3)在海洋测绘中一般采用哪种 RTK 测量系统?

实验二　GNSS 静态相对定位

一、目的和要求

(1)掌握 GNSS 野外静态数据采集方法。
(2)掌握 GNSS 控制网的布网方法。

二、人员组织和实验仪器准备

每组 3~5 人,每组实验仪器包括:国产双频 GNSS 接收机 1 台,电池 2 块,基座 1 个,天线和天线电缆各 1 根,供电电缆 1 根,天线连接套杆 1 个,2m 长钢卷尺 1 个,对讲机 1 个,记录板及记录表格若干。

三、实验内容

相较于其他 GNSS 定位方法,GNSS 静态相对定位精度最高,常用于 GNSS 控制网和变形监测网的建立。本节实验要求同学们在学校或者周边范围内,按 GNSS 静态测量的技术要求,在规定时间内采集 2 个同步环数据。GNSS 静态测量技术要求见表 3.2.1。

表 3.2.1　GNSS 静态测量技术要求

项目	技术要求
最少观测卫星数(颗)	4
每时段观测时间(h)	2
每点观测时段数(个)	≥1
观测卫星截止高度角(°)	15
数据采样间隔(s)	30

四、实验步骤

1. 选择测区

本实验建议将测区选择在学校及其周边范围(图 3.2.1)。

2. 选点和埋石、制订观测计划

(1)选点,即测站位置选择。在 GNSS 静态测量中并不要求测站间相互通视,控制网的网形选择也比较灵活,覆盖整个测区范围即可(图 3.2.2)。

第三章　GNSS相对定位测量

图3.2.1　测区范围参考

在图3.2.2中,一共选择了10个GNSS静态测量点,其中G9、G10为公共点,G4、G6为起算点(已知点)。G1、G2、G3、G4与G9、G10(公共点)组成了一个同步环,G5、G6、G7、G8与G9、G10(公共点)组成了第二个同步环,两个同步环之间采取边连式连接,公共边为G9~G10。

图3.2.2　测点选择示意图

(2)埋石:在GNSS静态测量过程中,测点一般应设置在具有中心标志的标石上,以精确确定测点点位。具体标石类型及其适用级别可参照《全球定位系统(GPS)测量规范》(GB/T 18314—2009)。

(3)在施测前制定观测计划,根据网的布设方案、规模的大小、精度要求、GNSS卫星星座、参与作业的GNSS数量以及后勤保障条件(交通、通信)等,制订观测计划(见表3.2.2),包括①确定工作量；②是否采用分区观测；③选择观测时段；④确定观测进程及调度。

表 3.2.2　GNSS 静态测量观测计划表

同步环序号	点名	观测时间
1	G1,G2,G3,G4,G9,G10	9:00—11:00
2	G5,G6,G7,G8,G9,G10	11:30—13:30

首先观测同步环 1，同步环 1 观测完毕后，观测 G1 的小组移至 G5，G2 移至 G6，G3 移至 G7，G4 移至 G8，G9 和 G10 所在小组原地不动，搬站完毕后观测同步环 2。

3. 野外观测

(1)安置仪器：对中、整平(6 台 GNSS 接收机联架，提前设置好静态模式、采样间隔和卫星截止高度角，外业开机即可使用)。

(2)量取天线高(在每时段的观测前后各量测 1 次天线高，读数精确至 1mm。在天线高量测过程中，应量测互为 120°天线的 3 个位置，当互差小于 3mm 后取中数，否则，应重新架设、整平仪器，并量取天线高)。

(3)认真检查仪器、天线及电源的连接情况，确认无误后 6 个小组按约定的观测时间，开机进行同步观测。

(4)手工记录测站信息(包括测站名、仪器编号、仪器高、观测起始时间)。

(5)该同步环的观测工作结束后，须待仪器搬站完成，再开始下一个同步环的观测工作，直至所有同步环观测完毕。

五、注意事项

(1)架设仪器时一定要严格整平、对中，将仪器安放在平稳安全的地方，既要方便操作，又要不妨碍卫星信号的接收。

(2)观测过程中不记录气象元素，只记录天气状况，以备成果分析时查考。

(3)观测员要认真、细心地操作仪器，尤其是在野外观测时严防碰动仪器、天线。

六、思考题

(1)GNSS 静态测量的技术要求有哪些？
(2)GNSS 野外静态数据采集的步骤包括哪些？
(3)如何量取天线高？

实验三　基线解算与网平差

一、目的和要求

(1)掌握 GNSS 静态数据的下载方法。

(2)掌握 GNSS 基线解算的方法与技巧。
(3)掌握 GNSS 网平差方法。

二、仪器和工具

6 台采集完数据的 GNSS 接收机;每人 1 台联网的计算机(安装有基线解算和网平差软件)。

三、静态数据处理流程

静态数据处理流程如图 3.3.1 所示。

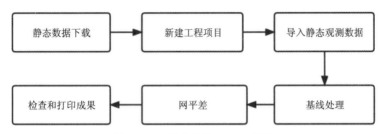

图 3.3.1 静态数据处理流程图

四、实验步骤

以国产 GNSS 数据处理软件(CGO)为例。

1. 数据下载

GNSS 静态测量数据下载一般有两种形式:
(1)使用 USB 数据线连接 GNSS 接收机与电脑,将静态数据拷贝至电脑中。
(2)使用 GNSS 接收机对应的手簿或 App,通过网络传输的形式将静态数据发送至邮箱,再在电脑上通过邮箱进行下载。

2. 新建工程

开始菜单下点击新建,并修改工程名称。

3. 基本信息设置

(1)在工程菜单下点击基本信息,选择工程对应的时区。
(2)修改坐标系属性。点击"坐标系统",一般只要修改坐标系、中央子午线经度、东向加常数(当 Y 坐标是 8 位的时候,需要在东向加常数 500 000 前加上带号)和投影面高(有特殊要求时才需要填写)。
①选择坐标系:打开坐标系管理器对话框,选择自定义,点击修改,然后在右侧选择工程坐标系,最后点击"选择"(图 3.3.2)。

图 3.3.2　选择坐标系

②输入中央子午线经度和投影面高(图 3.3.3)。

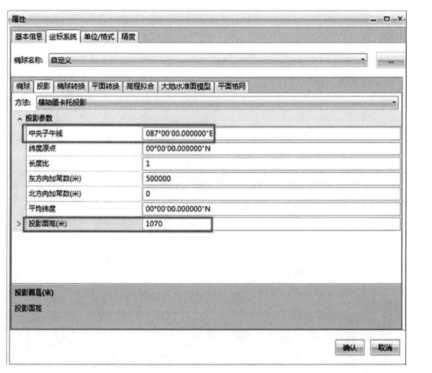

图 3.3.3　输入中央子午线经度和投影面高

4. 导入观测数据

1)导入数据

在 GNSS 菜单下点击导入,在弹出的对话框中打开需要导入的数据。

2)修改观测文件信息

对照外业记录表,修改测站名、量测天线高、天线厂商、天线类型和量测方法等信息(图 3.3.4)。

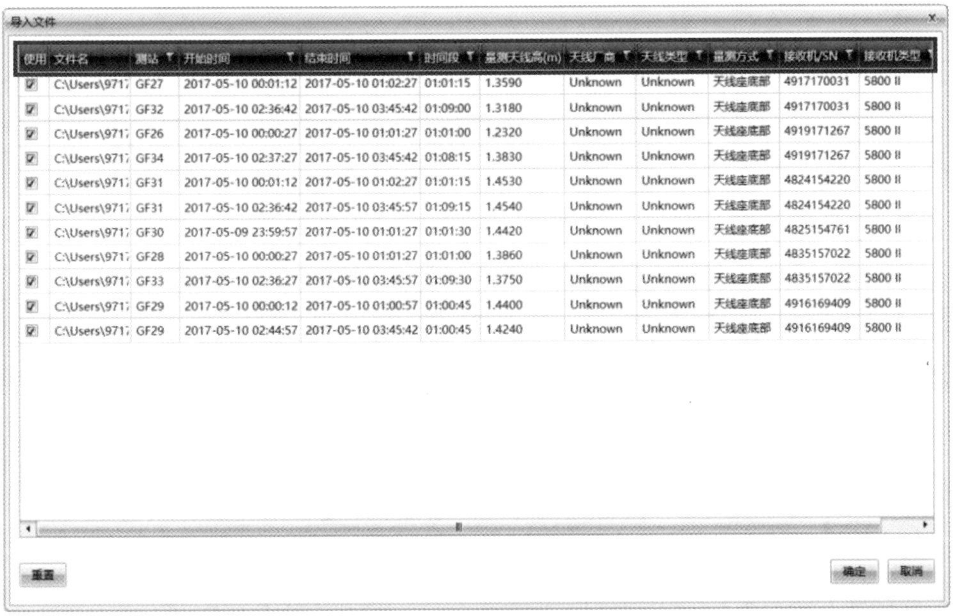

导入文件

使用	文件名	测站	开始时间	结束时间	时间段	量测天线高(m)	天线厂商	天线类型	量测方式	接收机/SN	接收机类型
☑	C:\Users\9717	GF27	2017-05-10 00:01:12	2017-05-10 01:02:27	01:01:15	1.3590	Unknown	Unknown	天线座底部	4917170031	5800 II
☑	C:\Users\9717	GF32	2017-05-10 02:36:42	2017-05-10 03:45:42	01:09:00	1.3180	Unknown	Unknown	天线座底部	4917170031	5800 II
☑	C:\Users\9717	GF26	2017-05-10 00:00:27	2017-05-10 01:01:27	01:01:00	1.2320	Unknown	Unknown	天线座底部	4919171267	5800 II
☑	C:\Users\9717	GF34	2017-05-10 02:37:27	2017-05-10 03:45:42	01:08:15	1.3830	Unknown	Unknown	天线座底部	4919171267	5800 II
☑	C:\Users\9717	GF31	2017-05-10 00:01:12	2017-05-10 01:02:27	01:01:15	1.4530	Unknown	Unknown	天线座底部	4824154220	5800 II
☑	C:\Users\9717	GF31	2017-05-10 02:36:42	2017-05-10 03:45:57	01:09:15	1.4540	Unknown	Unknown	天线座底部	4824154220	5800 II
☑	C:\Users\9717	GF30	2017-05-09 23:59:57	2017-05-10 01:01:27	01:01:30	1.4420	Unknown	Unknown	天线座底部	4825154761	5800 II
☑	C:\Users\9717	GF28	2017-05-10 00:00:27	2017-05-10 01:01:27	01:01:00	1.3860	Unknown	Unknown	天线座底部	4835157022	5800 II
☑	C:\Users\9717	GF33	2017-05-10 02:36:27	2017-05-10 03:45:57	01:09:30	1.3750	Unknown	Unknown	天线座底部	4835157022	5800 II
☑	C:\Users\9717	GF29	2017-05-10 00:00:12	2017-05-10 01:00:57	01:00:45	1.4400	Unknown	Unknown	天线座底部	4916169409	5800 II
☑	C:\Users\9717	GF29	2017-05-10 02:44:57	2017-05-10 03:45:42	01:00:45	1.4240	Unknown	Unknown	天线座底部	4916169409	5800 II

重置　确定　取消

图 3.3.4　修改观测文件信息

3)配置信息

点击配置,一般需要根据基线长度设置点位距离阈值(单位是 m),并按照工程要求设置控制网等级(图 3.3.5)。

5. 基线处理

1)基线配置

单击菜单栏上的配置,可选择参与基线处理的卫星系统,并决定此配置是运用于单条基线还是全部基线。

2)基线初步处理

在 GNSS 菜单下,进行基线的初步处理(图 3.3.6)。

3)基线细处理

(1)基线初步处理完成后,点击基线,选中一条要处理的基线,右键选中"残差数据观测图"。

图 3.3.5　配置信息

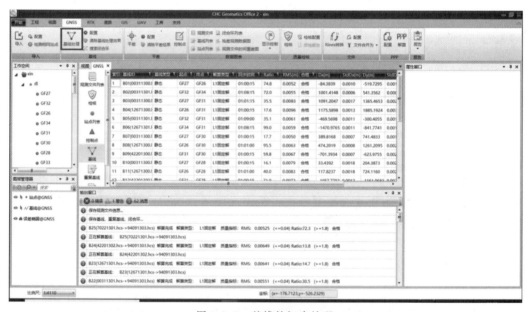

图 3.3.6　基线的初步处理

（2）在卫星相位跟踪图中，拖动鼠标，可以选择被删除的数据（图 3.3.7）。红线框中的数据将被屏蔽，不参与软件处理。信号特别差的卫星，通过取消勾选，也可以禁止其参与解算。选中虚线框点击右键，可以"恢复被删除的数据"。编辑卫星相位跟踪数据，点击页面右上方【解算】，可以对编辑过的基线进行重新解算。

RMS（中误差）和 RATIO（方差比）是基线解算质量的重要参考指标，RMS 越小表明基线解算质量越高，并且它不受观测条件（如卫星分布好坏）的影响，RMS 值最好小于 0.004m；固

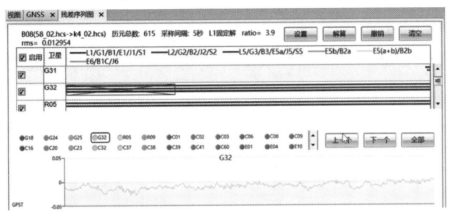

图 3.3.7 基线细处理

定率 RATIO 越大表明整周未知数解算越可靠,通常情况下,要求 RATIO 值大于 1.8,且越接近 99.9,对应的基线质量越好。

6. 网平差

1)录入控制点

在控制点对应的测站中输入已知点坐标和约束类型,将该测站转变为控制点(图 3.3.8)。

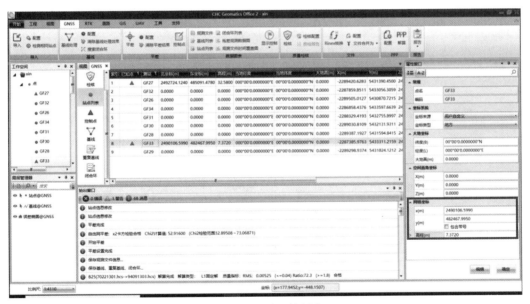

图 3.3.8 录入控制点

2)平差

(1)点击平差,选择"二维约束平差"+"高程拟合",然后点击"全自动平差"。"单个平差"是指只根据选择的约束类型进行平差以及自由网平差,"全自动平差"是指把所有的平差类型都进行一次平差,这里建议使用"单个平差"。

(2)在设置中将网络参考因子改为软件建议的值,点击"确定"后再次平差。

（3）输出平差报告。平差报告下选择二维平差报告，点击"生成报告"（图3.3.9），并查看平差报告（图3.3.10）。

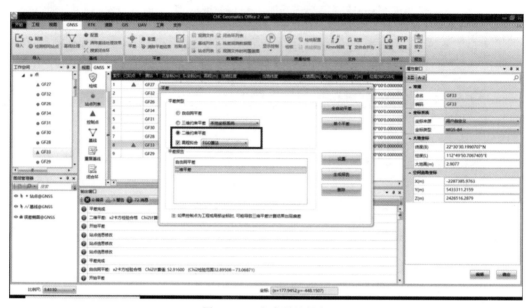

图3.3.9 生成平差报告

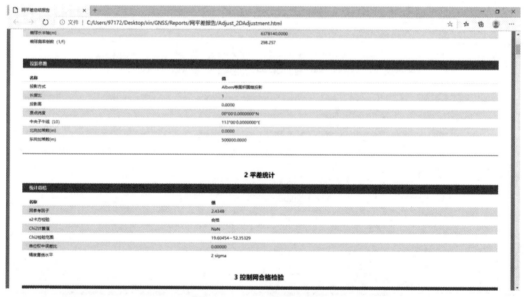

图3.3.10 查看平差报告

五、注意事项

（1）基线处理之后如有不合格基线需要单独进行处理，直到全部基线合格为止。

（2）不合格基线处理的方法：①调整高度截止角；②调整采样间隔；③尝试GLONASS不参与解算，或BDS不参与解算，或单GPS解算；④调整基线残差序列。

(3)在高斯平面直角坐标系中,有3°带与6°带之分,每一个分带的中央子午线与赤道的交点即坐标原点,向东为正,向西为负。由于1°大约对应111km,所以在6°分带时,每个投影带内,东坐标最大是333km,最小是-333km。为了使得坐标不出现负值,故规定将所有点的东坐标均加上常数500km。

六、思考题

(1)GNSS静态数据处理的流程包括哪些?

(2)不合格基线的处理方法是什么?

(3)什么是"东向加常数"?

第四章 海洋水文要素观测

实验一 海洋气象观测

一、目的和要求

(1)认识气象观测设备。
(2)掌握风向风速、大气压强、空气湿度和空气温度的监测方式。

二、仪器和工具

风速仪 1 套,用于进行风向与风速的观测;气压表 1 个,用于读取大气压强数值;百叶箱和温度计 1 套,用于观测空气湿度和温度;数据记录手簿若干。

三、实验内容

1. 风的观测

风是因空气流动产生的一种自然现象,由太阳辐射热引起。风是一个矢量,既有速度又有方向,因此风的观测包括风速和风向两项。风速是指风速数值大小,而风向代表风来的方向。风速仪一般由风速计和风向标两部分组成,通过风速计测量风速,通过风向标测定风向(图 4.1.1)。

图 4.1.1 风速仪

具体实习内容:认识风速仪,并使用风速仪测量风速,记录仪器自动测量的结果。

注意事项:需在地势较高处、四周无遮挡、远离障碍物的地方进行实习操作;注意区分风向是风来的方向。

2. 气压的测量

气压是大气压强的简称,是作用在单位面积上的大气压力,即等于单位面积上向上延伸到大气上界的垂直空气柱的质量。气压大小与高度、温度等条件有关,一般随高度增大而减小。在水平方向上,大气压的差异引起空气的流动,习惯上采用水银柱高度作为表示气压的单位(图 4.1.2)。

具体实习内容:认识气压表,并学会记录气压表显示的数据。

注意事项:气压测量需要在附近无射频干扰的情况下进行,因为大型电力设备启动、运行及停止均会影响气压传感器的灵敏度。

3. 温度和相对湿度测量

相对湿度,是指空气中水汽压与相同温度下饱和水汽压的百分比,或湿空气的绝对湿度与相同温度下可能达到的最大绝对湿度之比。目前大部分温湿计均采用特种感温感湿材料制成,一部分还增加了机械旋转装置,形成了温湿自动记录仪。

百叶箱是一种防热辐射的装置,其内部放置了测量空气湿度和温度的仪器(图 4.1.3)。百叶箱的四壁由两层薄的木板条组成,外层百叶条向内倾斜,内层百叶条向外倾

图 4.1.2 水银气压表

斜,百叶条与水平的交角是 45°。箱底由 3 块木板组成,每块宽 110mm,中间一块比边上两块稍高一些。百叶箱是里面放置有气象观测仪器且空气能自由流通的箱子,箱子里面放置有温度表、湿度表、最高和最低温度表等多种仪器。这些仪器可以用来测量空气的温度和湿度,因此百叶箱内的温度与湿度不能因箱壁受到日光烤热而有所改变。

图 4.1.3 百叶箱及箱内干湿温度表

具体实习内容:熟悉百叶箱内温度和湿度测量的仪表,并记录仪表显示的数据。
注意事项:百叶箱内部应保持通风、箱门向北开。

四、思考题

(1)气压测量时有哪些注意事项?
(2)百叶箱的设计需注意哪些问题?

实验二 海水透明度和水色观测

一、目的和要求

(1)了解什么是海水透明度与水色。
(2)掌握海水透明度和水色的观测方法。

二、海水透明度与水色

海水并非总是清澈透明的,有些区域的海水比较清澈,阳光可以从中穿过较远的距离,也有部分区域的海水较为浑浊,光线能通过的距离较短。因此,为了描述不同地区的海水能见程度,引入了透明度和水色的概念。海水透明度通常可理解为光在海水中的衰减程度,取决于光线强度和水中悬浮物及浮游生物等的数量。在海洋学中,是指用直径为30cm的黑白色圆盘——塞氏透明度盘,也称塞氏盘,垂直沉入海水中,直至恰好无法分辨黑白色时所对应的深度(单位为米)。

水色表示海水的颜色,指从海面以及海水中发出于海面以外的光的颜色。水色并不是太阳光透入海水中的光的颜色,也不是日常所说的海水的颜色。水色取决于海水的光学性质和光线强弱,以及海水中悬浮物质和浮游生物的颜色,也与天气和海底底质有关。海水透明度和水色都是反映海水浑浊程度的指标,关系较为密切,一般而言,水色高,透明度大;水色低,透明度小。

海水透明度与水色的观测在生产生活中具有重要作用。在保障交通运输安全方面,水色突然降低意味着水位突然下降,因此可以通过辨认水色躲避暗礁,同时在无风天气下,白浪现象消失,此时可以依靠水色来判别浅滩;在军事活动方面,根据水色等光学性质来选择水下潜艇和水中武器的外观颜色,可以更好地实现伪装掩护;在洋流分布方面,由于大洋洋流拥有与其周围海水不同的水色和透明度,比如美洲达维斯海流呈青色,又称青流,所以研究和观测水色与透明度也有助于识别洋流的分布。

三、实验内容

1.海水透明度的观测

1)仪器介绍

常用于透明度观测的仪器是塞氏透明度盘,它是直径为30cm的黑白色相间的圆板,透明度板"消失"的深度即对应着海水的透明度。其优点是简便、直观,缺点是易受海面反射光的影响,只能观测垂直方向上的透明度,且测量结果受观测人本身的操作和视线影响较大。塞氏透明度盘的结构组成分为3个部分,即主体黑白盘、使盘沉降的不锈钢重坠和卷尺绳,绳上有以米为单位的长度标记,如图4.2.1所示。

图 4.2.1　塞氏透明度盘(从左至右依次为卷尺绳、不锈钢重坠、黑白盘)

2)观测步骤和要求

测量前应对塞氏盘的绳索标记进行校正,使标记清晰、完整。新绳索下水前需要进行缩水处理。盘面应保持洁净,当油漆脱落或脏污时应该重新油漆。

在背光处将安装好的塞氏盘标尺放开,保持盘面垂直慢慢放入水中,直至其刚好看不见,再慢慢提升圆盘至隐约可见,当黑白色恰好无法分辨时,读取绳索在水面的标记数值,即得到该次观测的透明度值。

海面有波浪时,分别读取绳索在波峰和波谷处的数值标记,精确到一位小数。重复上述操作2~3次,取观测值的平均值作为此次观测的透明度值。

3)观测注意事项

检查绳索标记,保证塞氏盘洁净。

观测环境应避免阳光直射,塞氏盘应保持铅直;测量时若发现绳索倾角过大,应适当增加塞氏盘下面不锈钢重坠的质量,再重新执行上述测量步骤。

观测结束后,塞氏盘及绳索应用淡水冲洗并晾干。

2. 水色的观测

1)仪器介绍

常用于水色观测的仪器是水色计,它是由蓝色、黄色、褐色3种溶液按一定比例配制而成的21种不同色级,分别密封在22支内径为8mm、长为100mm的无色玻璃管内,置于铺有白色衬里的两开盒中。图4.2.2所示水色计中:1号、2号是蓝色;3号、4号是天蓝色;5号、6号是绿天蓝色;13号、14号是绿黄色;15号、16号是黄色;17号、18号是褐黄色;19号、20号是黄褐色。

图 4.2.2 水色计

2) 观测步骤和要求

在按照海水透明度观测过程确定好透明度值之后,首先将塞氏盘提升到透明度值一半的水层,然后根据此时海水在塞氏盘上呈现的颜色,在水色计中寻找与其最相似的色级,该色级号码即为本次观测的水色。

3) 观测注意事项

观测时观测者的视线必须与水色计内的玻璃管垂直。

观测地点与透明度测量一样,应选择在背光的地方,观测时还需要避免船上排出污水的影响。

水色计必须保存在阴暗干燥处,切忌日光照射,以免褪色。使用的水色计在 6 个月内至少用标准水色校准一次,如发现褪色现象,应立即更换。作为标准用的水色计(在同批出厂的水色计中,保留一盒),平时应封装在里红外黑的布套中,并保存在阴凉处。

四、思考题

(1)海水透明度观测和水色观测的环境有何要求?

(2)将样品与水色计比对时发现,水色计任意色号均不完全与样品颜色一致,该如何处理?

实验三　海水温度和盐度的测量

一、目的和要求

(1)了解常见的温度和盐度测量原理及测量方法。

(2)了解海水盐度定义的不同方式。

(3)掌握用温盐深仪(conductivity,temperature,depth,CTD)测量海水温盐度的方法。

二、海水温度的测量

海水温度是表示海水热力学状况的一个物理量,一般用摄氏度(℃)表示。海洋中不同区域太阳辐射程度的不同会导致水温分布不均匀,进而引起海水发生水平方向与垂直方向的运动,因此,水温的分布与变化会导致海水中其他水文要素的变化。用于海水温度测量的仪器设备较多,如早年使用的颠倒温度计 DSRT、电子温度计等,以及当前采用的温深系统。

颠倒温度计 DSRT 一般安装在一种叫作颠倒采水器(Nansen bottle)的铜制圆筒上,它的精度高,稳定性强,一般成对使用(图 4.3.1、图 4.3.2)。电子温度计又可分为电热式温度计、电阻式温度计和晶体振荡式温度计等。它在保证精度的前提下,体积更为小巧。此外,海面辐射计还可以利用遥感的原理,根据海面辐射的红外光谱,推算海表面温度,这样能得到覆盖性强且具有宏观统计意义的结果,但是精度相对较低。

图 4.3.1 颠倒采水器 (Nansen bottle)

图 4.3.2 颠倒温度计

当前常用的温深系统可以测量水温的铅直连续变化,温度测量可与深度测量同时进行。目前常用的温深系统有温盐深仪、抛弃式温深仪(expendable bathythermograph,XBT)、抛弃式温盐深仪(expendable conductivity temperature depth,XCTD)等。根据不同的测量方式,CTD 还可细分为站点式 CTD 和走航式 CTD,本课程实习主要采用站点式 CTD。利用 CTD 测水温时,每天应至少选择一个比较均匀的水层,将 CTD 与颠倒温度计 DSRT 的测量结果对比一次,如果发现 CTD 的测量结果达不到所要求的精度,应该立即调整仪器零点或者更换仪器探头,同时对比结果应记入观测日志。

海水温度测量在不同区域,对精度的要求也不一样。大洋中水温分布均匀,变化缓慢,所以观测准确度要求较高,一般要精确到 ±0.02℃。此外,我们也可以根据不同需求,按照表 4.3.1 对水温观测的准确度和分辨率进行选择。

表 4.3.1 水温观测的准确度和分辨率

准确度等级	准确度(℃)	分辨率(℃)
1	±0.02	0.005
2	±0.05	0.01
3	±0.2	0.05

水温观测分为表层水温观测和表层以下水温观测,对于表层以下各层的水温观测,为了资料的统一使用,我国目前对标准观测层次做了详细规定(表4.3.2)。

表 4.3.2　标准观测层次

水深范围(m)	标准观测水层	底层与相邻标准水层的距离(m)
1～10	表层,5,底层	2
10～25	表层,5,10,15,20,底层	2
25～50	表层,5,10,15,20,25,30,底层	4
50～100	表层,5,10,15,20,25,30,50,75,底层	5
100～200	表层,5,10,15,20,25,30,50,75,100,125,150,底层	10
>200	表层,10,20,30,50,75,100,125,150,200,250,300,400,500,600,700,800,1000,1200,1500,2000,2500,3000,(水深大于3000m每1000m加一层),底层	

三、海水盐度

海水盐度是海水含盐量的定量量度,即1kg海水中所含溶解的盐类物质的总量,又称绝对盐度,单位为‰或10^{-3},记为S‰或S。世界大洋盐度的空间分布和时间变化主要受沿岸径流量、海水涡动、对流混合、结冰融冰、降水及海面蒸发等因素的影响。盐度的分布和变化同样影响着海洋中的诸多现象,因此,海水盐度的测量也是海洋水文要素观测的重要内容。

按照海水盐度的定义方法来测量海水盐度,操作十分复杂,测一个样品要花费几天的时间,不适用于海洋调查,因此,在实践中都是测定海水的氯度,根据海水的组成恒定性规律来间接计算盐度。海水氯度的测定又分为化学方法和物理方法两类,化学方法即硝酸银滴定法,物理方法包括比重法、折射率法、电导法3种。比重法测量的是海水密度,由于海水密度取决于温度和盐度,所以其实质上是根据水样的温度和密度推求盐度。折射率法则是通过测量水质的折射率来确定盐度。它和比重法一样,精度不高且操作复杂。目前最常用的是电导法,即利用海水的导电性来确定海水盐度。

根据作业要求和研究目的的不同,同时兼顾观测海区、观测方法、观测仪器等影响因素,海水盐度测量的准确度也存在不同的规范(表4.3.3)。

表 4.3.3　海水盐度测量的准确度和分辨率

准确度等级	准确度	分辨率
1	±0.02	0.005
2	±0.05	0.01
3	±0.2	0.05

四、利用温盐深仪(CTD)测量海水温度和盐度

1. CTD 的结构组成

温盐深仪主要由水中探头和记录显示器以及连接电缆组成(图 4.3.3)。其中,探头由热敏元件和压敏元件等构成,与颠倒采水器一并安装在支架上,由此可投放到不同深度;通过记录显示器可以实现对温盐深仪的操作,也可以实现接收、处理、记录和显示通过电缆从海水中探头传回的各种信息数据。

图 4.3.3 温盐深仪(CTD)

2. CTD 测定海水温度的主要操作过程

CTD 测温操作主要包括室外和室内两大部分,前者主要是收放水下单元,后者则是控制作业进程,在测量过程中,两者密切配合、协调进行。也就是说,应有一部分同学在下放仪器处的甲板上密切关注仪器下放的深度和速度,其余同学须在船内显示器前注意实时返回的数据,这样做一是为了发现异常数据,方便及时补测;二是为了向甲板处的同学们传达合理的下放指令,以保证顺利完成测量。具体测量过程如下:

(1)观测前记录好观测日期、站位(经纬度)和其他有关的工作参数信息。

(2)投放仪器前确认机械连接牢固可靠,且水下单元和采水器水密情况良好。调试至正常工作状态后可以开始投放仪器。但是如果海温与气温差异过大时,观测前还应该将探头放入水中感温 3~5min。

(3)在正式测温前,对实时显示的 CTD,应记录此时探头在水面的深度(或者压强值);对自容式 CTD,应根据取样间隔,确认在此深度处,已经记录了至少 3 组数据后才能继续下降,进行下一个深度的观测。

(4)根据现场水深和所使用的仪器型号,确定探头的下放速度。一般来说速度控制在 0.5~1.0m/s 范围内为宜,船只如果摇摆剧烈,可适当加快下放速度,以避免在观测数据中出现较多的

深度逆变,但是最好不要超过 1.5m/s。在同一次观测中,下放速度应尽量保持均匀不变。

(5)获取的测量数据,应立即读取或查看。如果发现数据缺失、异常数据等,应立即补测。如果确认测温数据失真,应立即上拉仪器至甲板,检查探头,排除故障后再重测。

(6)探头下放时获取的数据记录为正式测量值,探头上升时获取的数据也需要记录下来,作为水温数据处理时的参考值。由此获得各深度处的水温数值。

测量时的注意事项如下:

(1)仪器探头下放上拉的过程中,一定要避免与船体碰撞,同时避免压入船底,还要防止仪器在下放过程中触底。

(2)测量当天,应至少选择一个比较均匀的水层,将 CTD 测温的结果与颠倒温度计的测量结果进行比对。如果发现 CTD 的测量结果达不到所要求的精度,应及时检查仪器,必要时可以更换仪器。此外,还要将比对情况和现场标定的详细情况记录下来。

(3)CTD 仪器应保持洁净,每次测量完毕都要用清水冲洗干净,探头应放置于阴凉处,切忌暴晒。

3. CTD 测定海水盐度的主要操作过程

由于 CTD 盐度测定与温度测定是同时进行的,所以盐度测量的具体步骤和要求也基本与水温观测相同。盐度测量过程中的注意事项如下:

(1)利用 CTD 测定盐度时,每天至少应选择一个比较均匀的水层,与实验室盐度计测量海水样品的结果进行比对。

(2)在深水区测定盐度时,每天还应该采集水样,方便进行现场标定。如果发现 CTD 的测量结果达不到所要求的精度,应及时检查仪器,必要时可以更换仪器。此外,还要将比对情况和现场标定的详细情况记录下来。

五、思考题

(1)常用的温深测量系统有哪些?
(2)利用 CTD 测定海水温度与盐度包括哪些主要步骤?

实验四 人工验潮和自动验潮

一、目的和要求

(1)了解常用的验潮方法。
(2)掌握利用悬锤式水尺验潮的方法。
(3)掌握利用自动验潮仪验潮的方法。

二、仪器和工具

带刻度的非弹性绳 1 卷,铅鱼 1 个,组装后用于进行悬锤式人工验潮实验;RBR 潮位仪 1 个(图 4.4.1),用于进行自动验潮实验;电脑或数据存储终端 1 个,用于实时观察或存储验潮数据;防水电缆 1 条,用于连接水下仪器与岸上终端;计时器 1 个;数据记录手簿 1 份。

图 4.4.1　RBR 潮位仪

三、验潮方法

一般的潮位观测方法主要有水尺观测、验潮站(井)观测、自动验潮仪观测和遥感观测等。水尺观测是最原始也是最基本的测量手段,按照水位标尺的设立方法,可以分为直立式、倾斜式、矮桩式和悬锤式 4 种;验潮站(井)观测的优势在于它能滤除波浪对水位的影响,并且可以进行水位的长期观测;自动验潮仪则有着解放人工、性能稳定、抗干扰能力强的优点,非常适合用于采集短期水位资料;遥感手段弥补了深海大洋上验潮点稀疏、水位资料匮乏的缺点,卫星高度计可以提供空间覆盖率较高的海平面测高数据,进而用于全球潮汐的分析工作。

水尺虽然是最简便的验潮器,但它目前仍被广泛应用于潮位观测之中,同时,它也是验潮站观测的基本设备(图 4.4.2、图 4.4.3)。直立式水尺较为常见,但是在波浪冲击力大的地区,通常放置倾斜式水尺进行观测;而在有大量流冰或漂浮物、航运频繁、不易产生淤积的区域,安装短桩式水尺更好;悬锤式水尺适用于水很深的岸壁陡峭地区。

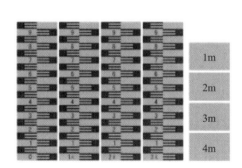

图 4.4.2　抗腐蚀不锈钢的水位标尺面板

图 4.4.3　直立式水尺设立示意图

验潮井可以分为岛式验潮井和岸式验潮井,岛式验潮井包括仪器室、引桥和验潮井本体,仪器室是安装验潮仪记录装置的地方,引桥是验潮井与陆岸连接的桥(图 4.4.4);岸式验潮井的测井和仪器室在岸上,一般利用铜制的输水管将海面与测井连通(图 4.4.5)。不管是岛式验潮井还是岸式验潮井,都应设立井外校核水尺和井内参证水尺,以便检验验潮成果的准确性。

图 4.4.4　岛式验潮井

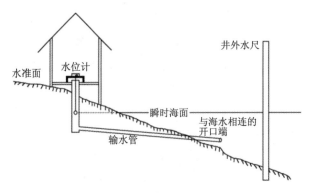

图 4.4.5　岸式验潮井验潮示意图

四、实验内容

1. 利用悬锤式水尺进行人工验潮

一般而言,用于观测水位的水尺均在水域内被牢固固定,但由于验潮实习一般在码头开展,码头地势较高且四周无遮挡,墙体光滑陡峭,所以通常采用经过组装的悬锤式水尺进行验潮工作。

1) 准备工作

结合以往的水文资料,估计所测区域的最低水位,合理选择带刻度的非弹性绳的长度;将刻度绳的零刻度线一端与铅鱼绑定,检视负重前后刻度绳的变形程度,如果变形程度较大,应及时更换另一条带刻度的非弹性绳再进行测试,如果刻度绳基本不变形,就可以完成安装工作;校准计时器,保证计时器的精确性。

2) 寻找合适的验潮环境

水尺验潮成果容易受到波浪的影响,因此,进行水尺人工验潮时,应在波浪起伏不明显的平稳环境中进行。

3)正式验潮

观察水位,将重锤缓慢放下,待铅鱼完全没入水面时,即刻度绳的零刻度线在水位附近时,应立即读取刻度绳的数值。这样的验潮读数工作每10min重复进行1次,每次读取的读数在进行验潮点与高程已知点之间的换算后,获得每间隔10min的潮位数据(图4.4.6、图4.4.7)。

图4.4.6 验潮点与已知点的高程换算示意图

图4.4.7 悬锤式水尺验潮现场

注意事项:在测量数值时,尽量将视线投向水面,以便更好地把握测量时机。当水位变化剧烈时,应该连续测量3个波峰和3个波谷的水位变化,然后将它们的平均值记录为该时刻的水位信息,记录格式见表4.4.1。

表 4.4.1　人工验潮记录手簿

验潮点高程(m)：	观测者：	记录者：
时间(年/月/日/时刻)	水尺读数(m)	实际潮位(m)

4) 水尺的检查和维护

低潮时清洁水尺面，以保持刻度清晰；水尺面剥落时，及时按照原来刻度标志，用同种颜色的油漆重新补绘；水尺使用半年后可换下，然后重新清洁、重新油漆，作为备用水尺保存起来。

2. 利用自动验潮仪进行验潮

RBR 潮位仪是常用自动验潮仪(图 4.4.1)。它使用回声测深的原理，通过持续不断的测深，进而获得实时验潮数据。该仪器的主体由换能器管(包括空心柱体和换能器)与主机(包括发射/接收模块、控制器和电池)组成，二者通过电缆连接。RBR 潮位仪可以不受波浪干扰，准确测量潮位，所以利用 RBR 潮位仪进行自动验潮，操作非常简单。操作步骤如下：

将 RBR 潮位仪末端与铅鱼绑定后，将其缓缓下放没入水中使其沉底，通过防水电缆连接潮位仪和电脑终端，实时检视所得数据，也可以在结束观测后取回数据存储终端，拷贝出数据包。

注意事项：为了使潮位记录资料稳定可靠，使用前应对 RBR 验潮仪进行仪器气密性等检查；正常情况下水位的记录曲线是均匀光滑的，测量过程中如出现直线、阶梯等形状或者明显断点现象时，应立即将仪器拉出水面，排除故障或者更换仪器后继续测量。

五、思考题

(1) 水尺验潮包括哪几种？分别适用于哪些水域？

(3) 使用 RBR 验潮仪进行验潮时有哪些注意事项？

第五章　海底地形测量

海底地形测量的主要任务是测量海底起伏形态和海底地物。它是陆地地形测量向海域的延伸，是为海上活动提供重要资料的基础测量。定位与测深是海底地形测量的两项重要内容，因此，本章我们将重点介绍有关海底定位和海洋测深实习的相关内容。水深测量在技术上可以分为3类：一是直接测深；二是声学测深；三是压力测深。直接测深就是利用测深杆、测深锤或钢丝绳等工具直接测量海水深度，这种方法在大部分情况下只能应用于浅海，而且受波浪和海流的影响较大，在深海作业时，需要根据放出的钢丝绳长度和倾角来计算其深度并加以改正。声学测深是利用声波在水中的传播特性来测量水深，广泛应用于船载测量。而压力测深则是通过测量海水压力，再利用压力深度计算公式来推算深度，其中典型的代表是第四章介绍过的温深系统。

实验一　水下声学定位原理

一、目的和要求

(1)熟悉水声定位系统的类型和作用。
(2)掌握基于水声系统的测距和测向定位原理。

二、仪器和工具

1个安装于船底的换能器，用于发射声脉冲信号；2个安装于船体两侧的水听器，用于接收声应答信号；1个船台发射机，用于控制换能器发射声脉冲信号；1个船台接收机，用于记录发射信号和接收应答信号的时间间隔；另外船台上需配置1台计算机，作为总控和显示设备。

三、水声定位系统

水声定位系统由船台设备和若干水下设备组成。船台设备包括一台具有发射、接收和测距功能的控制、显示设备和置于船底或船后"拖鱼"内的换能器以及水听器阵。水下设备主要是声学应答器基阵，声学应答器一般固设在已准确测定的海底某一位置，它由换能器、水听器和应答器组成(图5.1.1)。按照定位方式的不同，水声定位可分为测距定位和测向定位。按照声基线的距离长短，水声定位系统又可分为长基线定位系统(long baseline location，LBL)、短基线定位系统(short baseline location，SBL)和超短基线定位系统(SSBL/USBL)，具体可参见表5.1.1。

图 5.1.1　水声定位系统的组成

表 5.1.1　水下声学定位系统的分类

分类	声基线长度(m)
长基线 LBL(long baseline)	100～6000
短基线 SBL(short baseline)	20～50
超短基线 SSBL/USBL(super/ultra short baseline)	<0.1

LBL 系统通过测量收发器和应答器之间的距离,采用前方或后方交会来对目标实施定位,所以该系统与深度无关,也不用安装姿态传感器和电罗经等设备,且由于存在较多的多余观测值,可以得到精度较高的相对定位精度。然而,由于构成声基线的应答器布设于海底,为获得其精确位置,需要对海底声基阵进行详细的校准测量,因此 LBL 系统维护的相应成本也较高。与 LBL 不同,SBL 系统的声基线布设于船底,因此其价格相对低廉,缺点是定位精度与水深相关。SSBL/USBL 是在 SBL 的基础上进一步缩短船底水听器阵列的距离,将其集中在一个很小的单元壳体内,通过进行距离和角度测量来确定目标的绝对位置,优点是价格低廉,系统内仅需一个换能器,缺点是定位精度极度依赖电罗经、姿态和深度等外围数据的精度。

水下作业过程中,声波频率决定了工作系统的作用距离,高频声波的传播距离小,低频声波的传播距离大(表 5.1.2)。

表 5.1.2　水声定位系统的工作频率和水下作用距离

	频率范围(kHz)	作用距离(km)
低频 LF	8～16	>10
中频 MF	18～36	2～3
高频 HF	30～60	1～2
超高频 UHF	50～110	<1
甚高频 VHF	200～300	<0.1

四、实验内容

1. 测距定位

在实验正式开始之前,通过查阅水下应答器的安装日志,记录各应答器所在位置的深度(记为 Z);利用声速剖面仪进行水下声速测量,记录声速 C;在船底安置一台换能器(图 5.1.2 中所示点 M)用于发射声脉冲信号,位于海底的应答器(图 5.1.2 中所示点 P)接收到该信号后,立即发回应答声脉冲信号至换能器,船台接收机记录每一个"发射—接收信号"的时间间隔(记为 t)。

根据式(5.1.1),通过测量时间间隔 t 和声速 C,即可计算出船体与应答器之间的斜距 S;然后由式(5.1.2),利用斜距 S 和应答器所处深度 Z,由勾股定理即可计算出船体至应答器之间的水平距离 D。

$$S = \frac{1}{2}Ct \tag{5.1.1}$$

$$D = \sqrt{S^2 - Z^2} \tag{5.1.2}$$

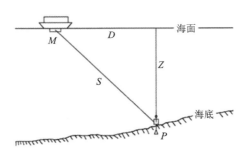

图 5.1.2 测距定位原理

对于单个应答器的测量数据,同学们可以按照表 5.1.3 的格式进行记录。

表 5.1.3 测距定位数据记录手簿

应答器编号	应答器深度 Z(m)	声速 C(m/s)	
测量点序号	信号往返时间间隔 t	斜距 S	水平距离 D
1			
2			
⋮			
n			

当水下有两个应答器的时候,可以分别获得两个水平距离值,最后在数据处理中,采用双圆交会的方式计算出船位。当有 3 个或 3 个以上的应答器时,在数据处理过程中可以采用最小二乘法求出船位的平差值。

2. 测向定位

如图 5.1.3 所示,测向定位中,船底安置有换能器,船两侧各安装有一个水听器(即 a 和 b),P 为水下应答器。设 PM 方向与水听器 a、b 连线之间的夹角为 θ;a、b 之间距离为 d,且 $aM=bM=d/2$。

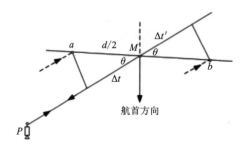

图 5.1.3　测向定位示意图

首先换能器 M 发射询问信号,水下应答器 P 接收到这个信号以后,会发射应答信号,水听器 a、b,以及换能器 M 都会接收到这个应答信号,因为 ab 之间的距离相对于 PM 之间的距离非常小,因此我们可视由水下应答器 P 回传的声信号传播路径是平行的,很显然由于 a 点更加靠近应答器 P,所以 a 点最先接收到应答信号,b 点最后接收到应答信号,即船两侧的水听器 a、b 之间接收的声信号存在一个相位差。

设 Δt 和 $\Delta t'$ 分别为 a 和 b 两点相位超前和滞后的时延,那么 a 和 b 接收回传声信号的相位可以分别表示为

$$\phi_a = \omega \Delta t = -\frac{\pi d \cos\theta}{\lambda} \tag{5.1.3}$$

$$\phi_b = \omega \Delta t' = -\frac{\pi d \cos\theta}{\lambda} \tag{5.1.4}$$

则水听器 a 和 b 之间的相位差为

$$\Delta\phi = \phi_b - \phi_a = \frac{2\pi d}{\lambda}\cos\theta \tag{5.1.5}$$

显然只有当 θ 为 90°的时候,也就是船只在 P 点正上方的时候,a 和 b 的相位差才为 0。实测中,我们只要让船只在航行的过程中,使水听器 a 和 b 接收到的信号相位差为 0,就能够引导船只航行到水下应答器的正上方。这种定位方式常用于海底控制点(网)的布设以及钻井平台的复位等作业过程中。

水下声学定位系统的作业过程中,需要进行以下改正:

(1)船姿态改正。在进行上述实验时,需要通过姿态传感器同步测出船姿态参数,包括船的横摇角与纵倾角。

(2)声速曲率改正。声线是一条曲线,而我们测定的船台至水下应答器的斜距应该是一条直线。为此,在测距结果中应施加声线曲率改正。

(3)水听器基阵偏移改正。基阵偏移指的是水听器基阵中心与船台天线中心不一致的偏差,一般在安装时需加以确定。

五、思考题

(1)水声定位有哪几种方式?其原理各是什么?

(2)为了获得更高精度的水下定位成果,在水声定位数据处理过程中,需要进行哪些改正?

实验二 认识海底控制点(网)

海洋大地测量控制网不仅包括水上控制点,还包括水下控制点,即海底控制点。露出水面的海洋大地控制点及其坐标可采用与陆地控制点联测的方法予以测定。但海底控制点(网)的照准标志、布设原则以及坐标测定方法,均与陆地上存在巨大差异,因此,本节实验将针对水下照准标志和海底控制网的布设原则进行详细说明。

一、目的和要求

(1)了解水声照准标志的类型。

(2)掌握提高水声照准标志目标强度的方法。

(3)熟悉三角形海底控制网的布设原理,掌握其有效距离的计算。

二、水声照准标志

海底控制点通常由固设于海底的中心标石(图 5.2.1)和水声照准标志两部分组成。与陆地控制点一样,海底控制点必须要用自身稳定的、易识别的且能长期保存的中心标石作为标志。它由于固设于海底,因此只能采用水声照准标志,观测手段也只能采用水声测距和定位技术。水声照准标志可分为主动式和被动式两种,不管是哪种水声照准标志,均存在有效距离,即声信号的最大传播距离。为尽量提高水声声标的有效距离,在测量中通常使用 8~15kHz 的频率,且将其安置于海底地形相对平坦的地段。

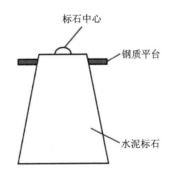

图 5.2.1 海洋控制点的中心标石

1. 主动式水声照准标志

主动式水声照准标志能主动发射出强度足以保证测量船上的水声设备接收到的声信号;

或者当接收到船台发射出的询问声信号后,能转发应答声信号并被船台接收。目前主动式水声声标的有效作用距离较远,一般在15～30km之间。主动式照准标志的水声应答器通常由换能器、包含电源的电子系统、锚和浮标等组成。

2. 被动式水声照准标志

被动式水声照准标志可以直接反射船上水声设备发射的声信号,使信号再被船台接收,所以被动式水声照准标志具有很强的声信号反射能力。在声学中,声信号的反射能力称之为目标强度,其定义如式(5.2.1):

$$\mathrm{TS} = 10\lg \frac{I_0}{I} = 10(\lg I_0 - \lg I) \tag{5.2.1}$$

式中:TS 表示目标强度;I_0 为距离照准标志 1m 处的反射信号声强;I 为入射到照准标志的入射信号声强。

提高被动式照准标志的目标强度,应考虑以下因素:

(1)入射声信号所具有的声功率。
(2)当入射声信号的指向性位于入射声波波阵面的法线方向时,它具有最大的声能。
(3)被动式照准标志的材料和形状。金属材料具有较高的反射系数和较低的透射系数,因此是一种理想的声学材料。同时,球体或半球体是最具均匀反射声能特点的形状,因此,由球体或半球体金属材料制成的被动式照准标志目标强度最大(图 5.2.2)。

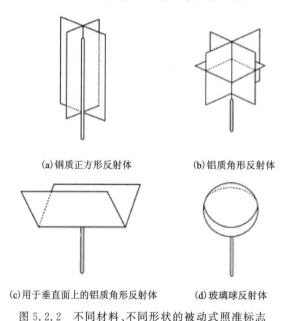

(a)钢质正方形反射体　　(b)铝质角形反射体

(c)用于垂直面上的铝质角形反射体　　(d)玻璃球反射体

图 5.2.2　不同材料、不同形状的被动式照准标志

三、等边三角形海底控制网及其有效距离

如图 5.2.3 所示,P_1、P_2 和 P_3 为配置在半径为 r 的圆周上的声标位置,D 为声标的有效水平距离,θ 为以 D 为边线的交会角,d 为声标之间的距离。AB、AC 和 BC 是以 3 个声标为圆心,以 D 为半径的圆弧。圆弧 AB、AC 和 BC 所包围的区域就是 3 个声标的有效面积场。

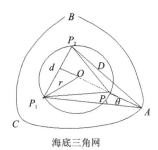

图 5.2.3 海底三角网形和声标的有效距离示意图

根据图 5.2.3,半径 r 和声标之间的距离 d 可以表示为

$$r = \frac{D\sin\frac{\theta}{2}}{\sin 60°} \tag{5.2.2}$$

$$d = 2D\sin\frac{\theta}{2} \tag{5.2.3}$$

即只要给出不同的 θ 角,便可确定 r、d 和 D 之间的关系,进而获得等边三角形海底控制网的有效面积场。

四、思考题

(1)什么是目标强度?提高被动式照准标志目标强度的方法有哪些?

(2)等边三角形海底控制网中,声标间距离 d 与边线交会角 θ 之间的关系是什么?

实验三 海底控制点(网)坐标的测定

一、目的和要求

(1)掌握基于三叶法的海底控制点深度测定方法。

(2)掌握海底控制点之间距离的测量过程。

(3)了解海底控制点的定向方法,掌握海底控制点坐标的测定方法。

二、海底控制点的定标

1. 海底控制点深度的测定

控制点的深度,指的是水声声标在平均海面以下的深度。与常规水深测量不同,这里的观测深度值指的是船载换能器与声标之间的最短声距,通过记录声波发射到从水底返回的时间间隔,确定观测深度值。

为了提高精度,在测定海底控制点深度时,通常采用"三叶法"定深,如图 5.3.1 所示,测量船在进行深度测定时按照图中箭头指示方向航行。图中点 1、点 2、点 3、点 4 表示海底控制点投影到海面的位置,每当测量船沿航线接近海底控制点时,就会不断测量对该站点的超声波距离。显然,由于无法避免的航线偏差,不可能每次测量都能刚好经过各控制点的投影位置,所以,一般使测量船经过控制点上方多次,取这些测量值的平均值作为该控制点的深度。

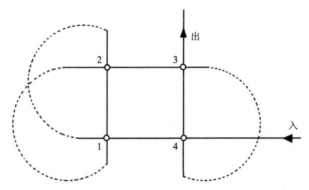

图 5.3.1 针对四边形海底网的三叶法定深航线示意图

注意:①图中一个航次,即"一入一出",能越过每个控制点的上方两次,算作一个测回;②每越过一次站点都需要同时记录所测站点的最小声距及其瞬时时刻,读取时间是为了计算水位改正;③每一个控制点的观测深度值均需要测量3个测回,共计6个深度值。记录格式见表5.3.1。

表 5.3.1 观测深度值数据记录手簿

控制点编号	测回数	观测深度值	观测深度平均值	观测时刻	控制点深度
1	1				
	2				
	3				
2	1				
	2				
	3				
3	1				
	2				
	3				

续表 5.3.1

控制点编号	测回数	观测深度值	观测深度平均值	观测时刻	控制点深度
4	1				
	2				
	3				

2. 海底控制点间距离的测量

海底控制点间距离的测量目前采用广域差分GPS或非差单点定位技术来实现。在确定各控制点深度的同时，实时地提取信标GPS的位置，这一方法可以在测量中实时进行，并且平面定位精度可以达到分米级；也可通过提取 GPS UTC 时间，采用非差单点定位技术计算该时刻的位置，这一方法需要进行事后处理，平面定位精度可以达到厘米级。

海底控制点之间的距离测量，在传统上一般采用"穿线法"。它要求测量船的航向穿过两控制点在海面上投影点的连线，并且通过特殊的穿线航行条件来获取两点间距离的唯一解。常见的穿线法有两种，一种是垂直穿线法，另一种是平行穿线法。

1）垂直穿线法

如图 5.3.2 所示，航线线段 A2 与线段 1 和 3 是垂直的，B1 与线段 2 和 3 是垂直的，C3 与线段 1 和 2 是垂直的，这是垂直穿线法的基本航行规则。从理论上来说，通过采用这种航行方法，每个控制点只需要测定一次即可满足要求。但事实上，在航行过程中很难保证航线绝对垂直，所以在实际测量中只需要使原先的垂足 A、B 和 C 在对应线段的中点附近即可。

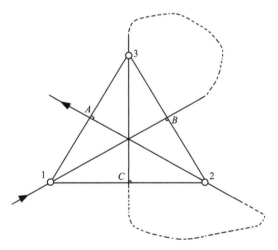

图 5.3.2 垂直穿线法

以海底控制点 1、2 为例,测得船底换能器到海底控制点的斜距分别为 S_1、S_2,已测定的控制点深度分别为 z_1、z_2,船底换能器的深度为 z。那么就可以根据相关投影法则,推导出式 (5.3.1) 和式 (5.3.2),进而分别计算出 P_1 和 P_2 之间的水平距离 D 和空间距离 d。

$$D = \sqrt{S_1^2 - (z-z_1)^2} + \sqrt{S_2^2 - (z-z_2)^2} \tag{5.3.1}$$

$$d = \sqrt{D^2 + (z_2 - z_1)^2} \tag{5.3.2}$$

2) 平行穿线法

平行穿线法航线如图 5.3.3 所示,其中航线 ab 与控制点 1 和 2 的连线平行,航线 bc 与控制点 1 和 3 的连线平行,航线 ac 与控制点 2 和 3 的连线平行。这种方法所测结果误差较大,因此在本节实验中只作了解即可。

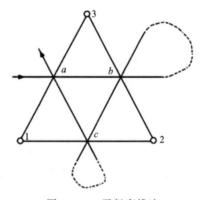

图 5.3.3 平行穿线法

3. 海底控制点(网)方位的测定

确定所布设海底控制点(网)的方位,一般采用图 5.3.4 中的办法。

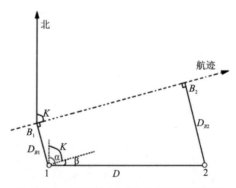

图 5.3.4 海底控制网的方位测定示意图

在航行过程中,连续不断地对控制点 1、2 进行测距,记为 S_1 序列和 S_2 序列;同时连续测量水深,获得 z 序列。根据投影法则,$B_1 1$ 是船位与控制点 1 在海面上投影的连线,也是船位与控制点 1 之间的水平距离,记该值为 D_{B1}。连续观察 S_1,在出现最小值 S_1' 时,可以认为 $B_1 1$ 此时与航迹垂直。

根据 S'_1 所对应时刻的船位水深 z，由公式(5.3.3)可计算出 D_{B1} 的值，同理可得 D_{B2} 的值。

$$D_{B1} = \sqrt{S'^2_1 - z^2} \tag{5.3.3}$$

又因为控制点间的距离 D 已测出(参考式 5.3.1)，则有

$$\beta = \arcsin \frac{D_{B2} - D_{B1}}{D} \tag{5.3.4}$$

而船的航向 K 已知，于是 1、2 两个控制点连线的方位角为

$$\alpha = K + \beta \tag{5.3.5}$$

三、海底控制点坐标的测定

海底控制点坐标测定的方法包括两点交会法、三点交会法、最近路径点测定法和距离差法。最近路径点测定法要求船只始终沿着控制点上方或附近的两条尽可能相垂直的航线航行，距离差法要求已知控制点至少有 4 个，且其中 3 个沿同一条直线布设。在此，我们只介绍利用已知船位来测定单个控制点的两点和三点交会法。记录格式见表 5.3.2。

表 5.3.2 测定单个海底控制点坐标的数据记录手簿

控制点编号			控制点深度 z	
船位编号	船位坐标		船位到控制点的斜距 S	备注
	X	Y		

两点交会法要求通过船载 GPS 确定船只的实时位置，由此得到船体坐标，记一号船位的坐标为 (X_1,Y_1)，二号船位的坐标为 (X_2,Y_2)。如图 5.3.5 所示，B_1 和 B_2 是坐标已知的两个船位，S_1 和 S_2 分别是 B_1 和 B_2 相对于控制点 1 的斜距。由于控制点深度 z 已经测出，所以可以按照前方交会的思想，利用式(5.3.6)解出控制点 1 的坐标：

$$\begin{cases} (x-X_1)^2 + (y-Y_1)^2 = S_1^2 - z^2 \\ (x-X_2)^2 + (y-Y_2)^2 = S_2^2 - z^2 \end{cases} \tag{5.3.6}$$

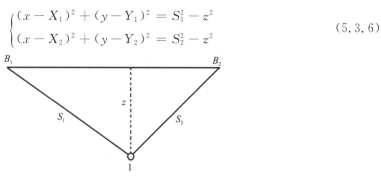

图 5.3.5 两点交会法示意图

如果海底控制点的深度 z 未知,也可以采用三点空间交会法,利用 GPS 测出 3 个船位的坐标 (X_i,Y_i,Z_i),$i=1,2,3$,这 3 个船位到海底控制点的斜距分别为 S_1、S_2 和 S_3,则与两点交会法类似地,可以根据式(5.3.7)求出控制点坐标(x,y,z):

$$\begin{cases}(x-X_1)^2+(y-Y_1)^2+(z-Z_1)^2=S_1^2\\(x-X_2)^2+(y-Y_2)^2+(z-Z_2)^2=S_2^2\\(x-X_3)^2+(y-Y_3)^2+(z-Z_3)^2=S_3^2\end{cases} \quad (5.3.7)$$

需要注意的是,海底控制点坐标的测定误差不仅受斜距误差的影响,还与其几何形状有关。所以为了提高海底控制点的测量精度,采用上述方法时需要进行多余观测,在数据处理时按最小二乘法原理,获得海底控制点坐标的最或然解。

由于定标工作前已求得各控制点间的距离、深度和方位,因此,按照上述方法测定了海底控制网中一个点的坐标后,网中其他控制点的坐标也就能通过计算解出,以上就是测定海底控制点坐标的完整流程。

随着技术的发展,目前通常采用 GPS 来实现海底控制点(网)坐标的联测,该方法以测量船为中继站,利用一组已知控制点,采用卫星定位方法测定船位,同时通过船上的水声仪器对海底控制点进行同步测距,观测可以随着船的行驶多次进行,然后用最小二乘法求解船和海底控制点在统一的坐标系统中的坐标最或然值。这种定位方式被称为"双三角锥法",其中正三角锥采用 GPS 定位,倒三角锥采用水下声学定位(图 5.3.6)。

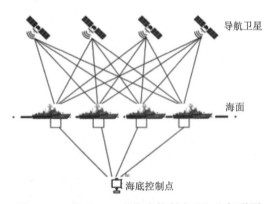

图 5.3.6 基于 GPS 的海底控制点(网)坐标联测

四、思考题

(1)三叶法定深测量过程中有哪些注意事项?

(2)垂直穿线法一定要保持航线垂直吗?

(3)测定单个海底控制点坐标时,为什么要进行多余观测?

实验四 传统水深测量方法

一、目的和要求

(1)掌握测深杆测深方法。
(2)掌握适用于浅水域的测深锤测深方法。
(3)掌握适用于深水域的钢丝绳测深方法。

二、工具

测深杆 1 根;各种规格的测深锤若干;带刻度的系绳 1 根;配有钢丝绳的船用绞车 1 个;用于记录数据的白纸若干。

三、浅水区的传统测深方法

传统的水深测量使用测深杆(图 5.4.1)或测深锤(图 5.4.2)进行,这种方式主要适用于浅水区域以及流速不大的区域。其中测深杆由木质或竹制材料制成,长约 3.5m。把测深杆插入水中,通过刻度来读取当前水深值。

图 5.4.1 测深杆测深示意图

测深锤的测深方法与测深杆相似,将测深锤沉入水中,通过系绳上的刻度读取水深值。其具体操作如下:

(1)根据所测区域的风浪大小,选择合适质量的测深锤。风浪越大,须选择质量更重的测深锤,避免锤体在水下摇摆的不稳定情况。
(2)根据预估水位,选择合适长度的带刻度的绳子,将绳子 0 刻度端与测深锤连接,完成组装工作。
(3)垂直下放测深锤至其沉底,保持绳体的状态使其绷直。读取绳上刻度,记录读数为该点水深值。

(4)当水位变化剧烈时,应该连续测量3个波峰和3个波谷的深度数值,然后将它们的平均值作为水深值。

(5)测深后的数据处理中,由于测深锤自身有不可忽视的高度,所以应参考测深锤高度值进行水深值改正。

图5.4.2 不同质量的测深锤

四、利用钢丝绳测深

钢丝绳(图5.4.3)测深多见于较深的水域,需要配合船用绞车使用。船用绞车(图5.4.4)是轻小型起重设备,通过用卷筒缠绕钢丝绳来提升或牵引重物。

图5.4.3 钢丝绳　　　　　　图5.4.4 装有钢丝绳的船用绞车

利用钢丝绳测深步骤:

(1)测深时根据海流大小,选择合适规格的重锤,将其悬挂在船用绞车的钢丝绳前端。

(2)操纵绞车,下放钢丝绳,让重锤底部恰好降到水面上,此时把计数器清零。

(3)操纵绞车,继续放出钢丝绳,当重锤触底使钢丝绳松弛时,立即停止下放,然后将钢丝绳慢慢收紧,使重锤刚好触底,此时读取计数器并记录数值,即为实测水深。在100m以浅的水域,数值记录取一位小数;在超过100m水深的区域,数值记录取整数。

(4)若钢丝绳倾斜,应用倾角器测量钢丝绳倾角;钢丝绳倾角过大时,应尽可能加重重锤,减小倾角。

(5)当倾角≥10°时,应进行倾斜校正;当倾角超过30°时,应停止测量,等待风浪较小时再重复上述测量步骤,或者更换更大规格的重锤再重复上述测量步骤,使倾角不再超过30°。

(6)操纵绞车,收回钢丝绳。

五、思考题

(1)利用测深锤和钢丝绳测深所得的数据,应该分别进行哪些改正?

(2)利用钢丝绳测深时,无论更换什么规格的重锤,其倾角总是超过30°,应该如何处理?

实验五 认识单波束和多波束测深系统

一、目的和要求

(1)了解单波束与多波束系统的测深原理。

(2)了解多波束系统的基本组成。

(3)掌握多波束测深系统的主要安装流程。

二、仪器和工具

单波束测深仪和多波束测深仪各1台套,测深系统包括表面声速仪、声速剖面仪、姿态传感器、GNSS接收机和电罗经等辅助设备。

三、单波束与多波束测深原理

单波束与多波束测深均基于回声测深原理(图5.5.1、图5.5.2),即利用超声波在均匀介质中匀速直线传播、在不同介质界面上将产生反射的原理,选择对水的穿透能力最佳、频率在1500Hz附近的超声波,向水底发射声信号,记录从声波发射至信号由水底返回的时间间隔,计算出水深值。

单波束测深系统的波束垂直向下发射,因此声波传播过程中没有折射现象或者说折射现象可以忽略不计,反射波能量损失很小。另外,单波束测深过程采取单点连续测量的方法,因此沿航迹数据十分密集,而在测线间没有数据,这也导致了在数据处理成图过程中,需要采用数据网格化内插的方法来模拟测线间数据空白区域的水深变化情况,影响了测深精度。

多波束测深则是以一定频率发射沿垂直航迹方向某一开角的波束,形成一个扇形声传播区。单个发射波束与接收波束的交叉区域被称为波束脚印。一个发射和接收循环通常被称为一个声脉冲。一个声脉冲获得的所有波束脚印的覆盖宽度被称为一个测幅,每个声脉冲中包含至少数十个波束,这些波束对应测量点的水深值就组成了垂直于航迹的水深条带。将波束的实际传播路径进行微分,就可以获得波束脚印在船体坐标系下的点位,进而可以得到整个测深条带内所有波束对应的位置和水深数据。

单波束只有一个波束打到海底,而多波束有成百上千个独立的波束发射到海底。简单来讲,单波束只是测量一个点的水深值,多波束可以发射出一条波束带,可以瞬间测量一条线的

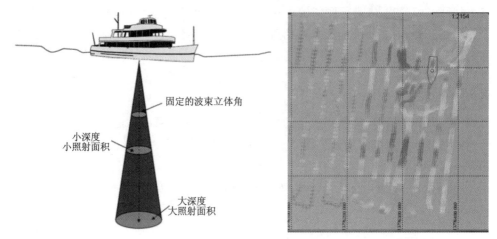

图 5.5.1 单波束测量原理

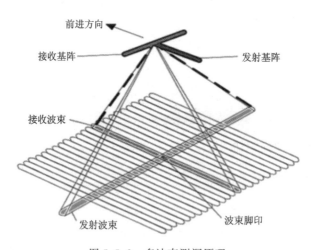

图 5.5.2 多波束测深原理

水深值,随着船体的移动,单波束可以点动成线,而多波束则可以线动成面,测量出不同范围内的水深值,二者仪器设备的结构完全不同,价格相差很大。

四、单波束测深系统的组成

无人船常作为单波束测深系统的载体,智能无人测量船可以按照既定路线借助卫星定位自动行驶,可进行远程操控,也可搭载多种测量传感器完成各项任务。小巧的船体能贴岸作业,大幅提高了监测效率和准确度,减少了监测人员水上作业的危险。智能无人船硬件连接如图 5.5.3 所示。

智能无人测量船一般由人在岸边通过遥控器来操作,测量过程由测量船自身根据预定的程序来自动进行,因此使用无人测量船进行单波束测深的过程十分高效快捷。遥控器的按键如图 5.5.4 所示。

我们通过操作遥控器的按键,即可控制智能无人测量船的移动:

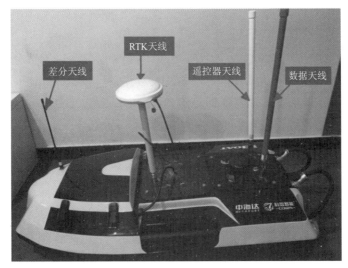

图 5.5.3　智能无人船的硬件连接示意图

图 5.5.4　智能无人船的控制遥控器按键示意图

(1) 模式切换开关 1:向上拨动时船体航行是自动的,中间挡为手动,向下拨动是保持原模式。

(2) 模式切换开关 2:向上拨动切换为定速巡航模式,向下拨动切换为返航模式,中间挡为保持原模式。

(3) 3 号键为油门键:向上推是前进,向下推是后退,船的速度由上下推动的幅度来控制。

(4) 4 号键为方向控制键:向左推时,船体左转;向右推时,船体右转。

(5) 5 号键为开关机按钮:长按电源后点击 6 号区域所示的屏幕,按下确定即可开机或关机。

(6) 6 号区域为显示屏,可以在这里查看遥控器与船控连接信号、无人船电量和遥控器电量等信息。

按照上述过程组装好无人船单波束测深系统之后,我们可以开启遥控器和无人船,进行船自检,连接电脑和无人船适配的测深软件之后,就可以放船下水,然后正式开始自动测量。测量结束后回收船只,并对所获数据进行后续处理。

五、多波束测深系统的组成

不同的多波束系统的具体组成单元不同,但大体上可以分为以下部分:多波束声学系统(multibeam echosounder systems,MBES)、多波束数据采集系统(multibeam data collection system,MCS)、数据处理系统和外围辅助传感器(图5.5.5)。其中,多波束声学系统是一个形状为"T"字形的声学阵列,包括接收基阵与发射基阵,发射部分由多个连续排列的声源组成,其发射的声波会因为叠加与干涉效应,实现声波的定向发射;多波束数据采集系统可以将接收到的声波信号转换为数字信号,并反算其测量距离或记录其往返时间;外围设备主要包括定位传感器(如GNSS接收机)、姿态传感器、表面声速仪、声速剖面仪和电罗经等,用于确定测量船的瞬时位置、姿态、航向以及测定海水中声速传播特性;数据处理系统以工作站为主,能综合声波测量、定位、船姿、声速剖面和潮位等信息,计算波束脚印的坐标和深度,并绘制海底平面或三维图。

图 5.5.5 多波束测深系统的组成

多波束测深系统甲板单元的前部面板由电源开关和指示灯组成,如图5.5.6所示。前部面板中间按钮为电源开关,左侧3个指示灯分别代表GPS工作状态、差分信号接收状态和姿态测量设备运行状态,右侧3个指示灯分别代表表面声速仪工作状态、同步信号接收状态和PPS信号接收状态。前部面板的指示灯状态说明见表5.5.1。

图 5.5.6 甲板单元前部面板

表 5.5.1 前部面板指示灯状态说明

指示灯	正常状态	异常状态
PPS	以 1s 的周期闪烁	熄灭或闪烁周期异常
同步	以频率周期闪烁	熄灭或闪烁周期异常
声速	根据声速输出速率闪烁,默认 8Hz	熄灭
差分	根据差分信号速率闪烁,默认约 1Hz	熄灭
姿态	根据姿态输出速率闪烁,默认 100Hz	熄灭
GPS	根据 GPS 输出速率闪烁,默认 1Hz	熄灭

甲板单元的后部面板主要由电源模块、网络传输接口、辅助设备数据接口、PPS 接口、同步接口、GPS 天线接口、声速仪接口和声呐水密电缆接口组成,如图 5.5.7 所示。

图 5.5.7 甲板单元后部面板

六、多波束系统的安装

1. 系统安装参考

多波束测深系统安装参考图见图 5.5.8。

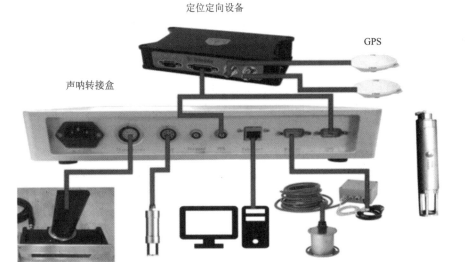

图 5.5.8 多波束测深系统安装参考图

2. 多波束测深系统安装

1) 多波束声学系统的安装

(1) 将声学探头安装在安装支架上,并装上导流罩,然后将其与安装杆相连。

(2) 利用安装杆及相应夹具,将声呐头安装在测量船的舷侧,如图 5.5.9 所示。需要注意的是,安装时一定要尽可能保持声呐的大头端(即导流罩)朝向与船艏一致;同时,声呐整体安装应尽可能牢固,避免声呐头在船行驶过程中发生晃动。

2) 外围辅助传感器安装

多波束测深系统实际应用中都需要 GPS 定位、姿态仪和罗经等辅助设备,这些设备都需要安装正确,才能保证测深任务的正常进行。

GPS 天线应尽可能安装在测量船的最高点,以确保更好的接收信号。

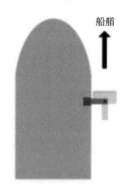

图 5.5.9 声呐头安装方式示意图

姿态仪尽可能安装在船质心(或转心),并保证其安装面的水平度,其横摇旋转轴线需尽可能与船平行。

罗经需固定在稳定的水平面上,尽可能保证其朝向与船平行,并指向船艏。

3) 注意事项

水下探头的固定装置要确保牢固,避免颤动或变形。

如果声呐头的安装不是非常牢固,即船行驶过程中,声呐头及安装杆有可能发生相对船体的晃动,此时,需将姿态仪和罗经利用夹具固定安装在声呐安装杆上,使其与声呐头形成统一整体,以保证多波束系统测深过程中姿态的精确测量、采集与记录。

在"工作参数"页面中,当用户单击"启动"按钮时,声速剖面仪就开始工作了。测量程序根据测量数据能够感知声速剖面仪是否已经入水,如果没有入水,测量程序会把当前测得的压力看作是大气压力,用于入水后深度测量的气压修正(程序正常退出时会保存大气压力,以备下次程序启动时调出);如果声速剖面仪开始工作时已经在水中,程序将用以前测得的大气压力值进行气压修正。气压的变化会导致 20~30cm 的深度误差。所以每次单击"启动"按钮时,要确保声速剖面仪是暴露在空气中的。

在声速剖面仪工作时,当电池电压低于设定阈值,声速测量界面会提示"电压低!"此时应及时更换电池。

由于空气与水中始终存在温差,为保证测量的精度,将声速剖面仪放入水中后,应先让声速剖面仪在水面停留几秒后再下放声速剖面仪。

七、思考题

(1) 单波束与多波束测深的不同点有哪些?

(2) 简述多波束测深系统的组成部分。

(3) 简述多波束测深系统的安装过程。

第六章　多波束测深实习

实验一　多波束测深系统的外业数据采集

一、目的和要求

熟悉并掌握运用多波束测深系统进行测深的流程。

二、仪器和工具

测量船或皮划艇1只(作为多波束测深系统的载具,如图6.1.1所示),船桨1副;多波束测深仪系统1套。

图 6.1.1　多波束测量船

三、多波束测深系统的外业操作

多波束测深系统的安装过程请参照实验五,外业数据采集过程如下:

(1)插入多波束外业测量软件狗,并确保未过期。打开亿点通多波束测量软件2020版,在【打开/创建项目】窗口中(图6.1.2),点击【新建】创建一个新的项目(图6.1.2)。

图 6.1.2 "打开/新建项目"对话框

(2)输入新的项目名称,并勾选"启动设置向导",然后点击【确定】创建一个新的项目(图 6.1.3)。在软件启动运行后,按照系统默认的配置参数创建新的项目,默认的配置参数可以在设置向导中修改。

图 6.1.3 创建项目对话框

(3)选择当地椭球(比如北京54坐标系,图 6.1.4),然后选择【投影】,设置中央子午线(图 6.1.5)。根据实际需要输入椭球转换七参数、平面转换四参数、高程拟合参数、坐标平移参数等转换参数(图 6.1.6),然后点击【下一步】。

图 6.1.4 椭球参数对话框　　图 6.1.5 投影参数对话框　　图 6.1.6 椭球转换参数对话框

(4)根据接入的设备接口,设置定位设备(图 6.1.7)、多波束设备(图 6.1.8)、罗经/陀螺设备(图 6.1.9)、姿态设备(图 6.1.10)等设备接口的类型(串口或网口)和通信协议,并进行端口和数据协议测试,测试结果显示"数据正常"表示设置正确,测试结果一直异常时应检视设备或检查接口以及数据线,直至测试结果正常,然后点击【下一步】。

图 6.1.7　定位设备连接

图 6.1.8　多波束设备连接

图 6.1.9　罗经/陀螺设备连接

图 6.1.10　姿态设备连接

(5) 根据需要选择船体轮廓模型、设置船长、船宽,并输入重心位置、GPS 定位天线位置、涌浪设备位置、探头位置等关键参数,然后点击【确定】(图 6.1.11)。

(6) 如果已知横摇、纵摇、艏摇安装误差,可以输入对应的安装误差值(图 6.1.12);如果是倾斜安装,还需要输入横摇安装偏差值;如果探头前后方向安装反了,请勾选【反向安装】。然后点击【下一步】。

(7) 设置格网模型分辨率(测区面积比较大的情况下,格网模型分辨率不宜过小,测区面积在 5km^2 以内,建议格网模型分辨率为 0.1~1m,测区面积在 5~100km^2 之间,建议格网模型分辨率为 1~10m)。

(8) 默认情况下,所有报警标志都处于勾选状态(图 6.1.13),浅水报警的条件需要根据船只自身吃水和探头吃水设置,一般设置为船只吃水的 2 倍。船速报警的条件需要根据测区的水深设置,越深的测区,要求船速越慢。设置完成后点击【下一步】。

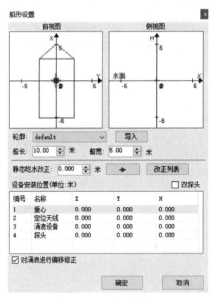

图 6.1.11 船形设置

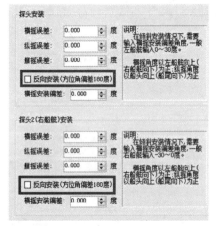

图 6.1.12 安装偏差设置

图 6.1.13 报警参数设置

(9)设置速度单位和距离单位,并设置经纬度显示样式(图 6.1.14)。设置完成后点击【下一步】。设置当地时区,并设置北向的定义(图 6.1.15)。如果需要在数据采集过程中对波束点的噪点进行实时滤波,则输入滤波参数即可(图 6.1.16)。

图 6.1.14 单位设置

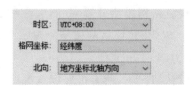

图 6.1.15 当地时区与北向设置

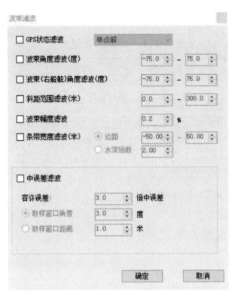

图 6.1.16 波束滤波设置

(10)在【测量视图】中,从航道布线、区域布线、半挂式布线、扇形布线中选择一种快速布线方式,设置布线参数或使用鼠标拖动,完成计划线布设,并使用工具选定一条计划线作为当前测线的指示线(图 6.1.17)。

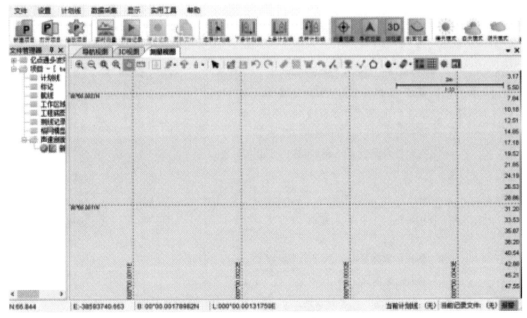

图 6.1.17 计划线的布设

(11)点击工具栏的按钮,进入实时测量状态,此时还没有进行数据记录,但可以通过【实时测量状态信息】窗口观察设备连接状态和数据解析状态,详细信息见表 6.1.1,也可以通过导航视图、测量视图、3D 视图观察波束拖尾,如果都处于良好状态,那么就点击工具栏的按钮,设置测线文件名称,并开始采集记录数据,直至测量结束。

表 6.1.1 实时测量信息表

类别	信息说明	实时测量状态信息对话框
数据记录信息	状态:判断是否正在记录数据。 记录文件:用于保存采集数据的测线名称	
导航信息	水深:代表探头正下方的水深度。 航速:代表当前船的运动速度。 航向:即船头的方位角	
定位信息	日期:UTC 时间＋当地时区。 解算状态:单点解、差分解、浮点解、固定解。 卫星颗数:当前 GPS 锁定的卫星数。 HDOP:平面坐标精度因子。 经纬度和高程:GPS 天线位置的地理坐标	
姿态信息	包含横摇、纵摇、涌浪	
多波束信息	时间日期:多波束数据同步时间。 帧号:每 ping 多波束数据的编号。 表面声速:表面声速仪输出的声速。 波束总个数:每 ping 波束点总数 有效波束个数:每 ping 可靠的波束点个数	
设备状态信息	状态包括为未连接、超时、数据正常	
其他	●表示数据超时 ⚠表示数据异常 ○表示未连接或无效数据 ●表示数据正常	

四、数据记录格式

数据记录格式见表 6.1.2。

表 6.1.2 测量数据记录表

测量船编号：		测区信息：		日期：		测量设备型号：		GNSS 接收机型号：	
测线名	时间(GMT)	水深(m)	波束数	条幅宽度	航向	经度	纬度	数据文件名	签名和备注

五、注意事项

(1) 多波束测深仪所处平面应与船底齐平，与水平面的最大倾斜角不得大于 7°。
(2) 尽量避免其他水声换能器与多波束测深仪并行使用。
(3) 对换能器表面采取相应保护措施，防止硬物刮碰。
(4) 当水中杂物(如树枝、渔网等)过多，并位于水深过浅区域时，要防止杂物损坏换能器。
(5) 声速剖面仪探头和表面声速仪探头前端的声反射面的微小位移会导致较大的测量误差，所以整个设备要避免与其他物体碰撞。需放置于甲板上时，要手握声速仪水平轻轻放置；测量结束后，要立即使用淡水清洗，特别要注意声反射面不要存有异物；表面声速仪是高精度的测量仪器，要避免长时间在烈日下暴晒。

六、思考题

(1) 简述多波束测深系统外业数据采集步骤。
(2) 如何对波束点的噪点进行实时滤波？

实验二 多波束测深系统的内业数据处理

一、目的和要求

(1) 掌握多波束数据的融合处理流程。
(2) 掌握波束点条带清理和区域清理的步骤。
(3) 掌握多波束测深内业数据处理过程中修改、删除格网的步骤。
(4) 掌握多波束测深内业数据处理过程中格网恢复的步骤，以及成果面数据及其图像的导出方法。

二、仪器和工具

安装有"亿点通多波束后处理软件"的计算机 1 台;"亿点通多波束后处理软件"的软件狗 1 个(须确保软件狗已激活)。

三、数据融合处理

1. 创建/打开项目

打开软件后自动弹出打开/创建项目的对话框,可以选择【新建】来新建工程项目,也可以点击【从其他位置打开】来打开外业数据采集所获得的数据文件(图 6.2.1),这样打开的数据一般是以 prg 为文件后缀的点云格式(Hycloud Project)(图 6.2.2)。

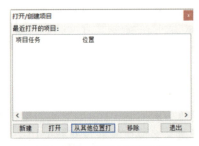

图 6.2.1　打开/创建项目

图 6.2.2　文件格式

2. 进行安装校准

项目创建/打开之后,选中用于校准横摇、纵摇等数值的 3 条测线,选中后测线呈绿色(图 6.2.3)。再点击【安装校准】,进行校准操作(图 6.2.4、图 6.2.5)。

图 6.2.3　测线文件总览

第六章 多波束测深实习

图 6.2.4　进行安装校准

在【横摇校准视图】下方,点击蓝色框内的图标,然后在平坦地区(由于颜色代表水深值,所以平坦区域也是颜色变化不明显的区域)垂直于往返测线的方向上,选择合适的横摇校准区域。此时软件会自动解算校准值,在平坦地区不断拖动平移这一区域,同时保证该区域不偏离往返测线以外的区域,直至软件的自动解算状态变为"非常可靠"。

在【纵摇校准视图】下方,点击蓝色框内的图标,然后在地形起伏较大的地区(即颜色变化明显的区域)沿着往返测线的方向上,选择合适的纵摇校准区域。此时软件会自动解算校准值,在地形起伏较大的地区不断拖动平移这一区域,同时保证该区域不偏离往返测线以外的区域,直至软件的自动解算状态变为"非常可靠"。

在【艏摇校准视图】下方,点击蓝色框内的图标,然后在地形起伏较大的地区沿着平行测线的方向上,选择合适的艏摇校准区域。此时软件会自动解算校准值,在地形起伏较大的地区不断拖动平移这一区域,同时保证该区域不偏离平行测线以外的区域,直至软件的自动解算状态变为"非常可靠"。

将解算结果添加到【校准值列表】中,然后点击"应用到项目",至此横摇、纵摇和艏摇的校准工作全部完成(图 6.2.6)。

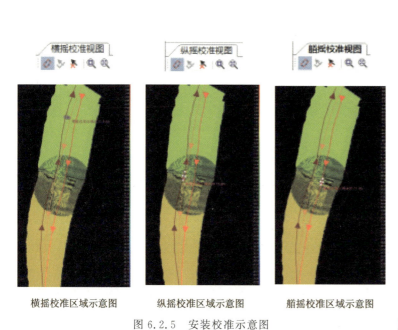

图 6.2.5　安装校准示意图

图 6.2.6　安装校准工作的完成

3. 编辑定位数据

在选中所有测线后,打开软件工具栏的【定位数据编辑】,然后点击图 6.2.7 中①号红框内的区域选择测线。

选定一条测线后,在③号视窗内,从左向右拖动④号红框标出的黄色框,观察数据,如果出现明显跳点,就选中该点并将其标记为无效。当黄色框拖至最右侧时,再拖动②号红框标出的紫色框,重复上述拖动"④号黄色框标记无效跳点"的过程,直到紫色框被拖至最右端,这样就完成了这条测线上的定位数据的处理。

再次点击图 6.2.7 中①号红框内的区域选择其他测线,直到所有被选中的测线的定位数据都完成上述处理过程。

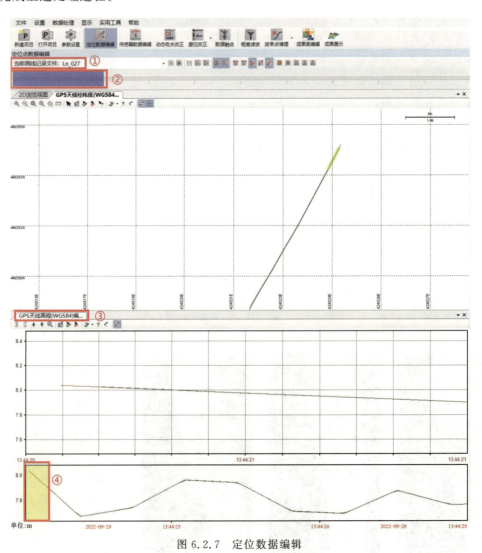

图 6.2.7　定位数据编辑

4. 编辑传感器数据

打开软件工具栏的【传感器数据编辑】,然后点击图 6.2.8 中①号红框内的区域选择测线。

选定一条测线后,与定位数据编辑类似,分别在横摇、纵摇和艏摇编辑窗口,从左向右拖动黄色框,观察数据,如果出现明显异常点,就选中该点并通过拖动鼠标对其进行校准。当黄色框拖至最右侧时,再拖动②号红框标出的紫色框,重复上述拖动"黄色框选中异常采样点拖动鼠标改正"的过程,直到紫色框被拖至最右端。这样就完成了这条测线上的传感器数据的处理。

再次点击图 6.2.8 中①号红框内的区域选择其他测线,直到所有测线的传感器数据都完成上述处理过程。

注意:

(1)当前选中的可编辑数据,是指从可编辑的采样数据中选取一段数据,进行浏览或进行编辑,黄色滑块覆盖的区域为当前被选中的区域,可以将鼠标放在中间区域左右拖动,或者将鼠标放在两侧以调节滑块大小。

(2)编辑横摇数据:点击按钮进入编辑模式,十字丝表示采样点,选择起始采样点,按下鼠标拖动,可以连续调整多个采样点的横摇值。

5. 动态吃水改正

(1)打开软件工具栏的【动态吃水改正】,点击图 6.2.9 中的②号红框内的按钮,弹出动态吃水设置对话框,如图 6.2.10 所示。动态吃水模型下选择手动输入测定值、霍密尔经验模型、标准经验模型、苏联经验模型等,可以根据测区的具体情况进行选择。

手动输入测定值:当船抛锚时,我们首先测定船的吃水为 A_0,然后开动船,当船速为 S_i 时,测定船的吃水为 A_i,那么该船速对应的动态吃水改正值为 $d=A_i-A_0$,然后将船速和改正值输入到列表中。

霍密尔经验模型:根据船体吃水深度、船的长宽、测区的水深建立的一个经验模型,由于该模型认为动态吃水与测区的水深有关,因此,该模型比较适合水底比较平坦的区域。

标准经验模型:根据水深测量规范标准定义的模型,该模型用船速乘以一个固定的系数值作为动吃水改正值。

前苏联经验模型:根据船体吃水、船的长宽、测区的水深建立的一个经验模型,该模型与霍密尔经验模型有所不同,但都属于同一类型。

(2)编辑吃水数据。点击图 6.2.9 中⑤号红框内的按钮进入编辑模式,与传感器数据编辑类似的,十字丝表示采样点。首先选择起始采样点,然后按下鼠标拖动,可以连续调整多个采样点的吃水值。由于坐标系统参数、船形参数、定位数据、传感器数据、动态吃水设置等任一项发生变化,都需要重新计算吃水值,因此,完成上述吃水数据的编辑操作后,还要再点击图 6.2.9 中③号红框内的按钮重新计算当前测线的吃水。

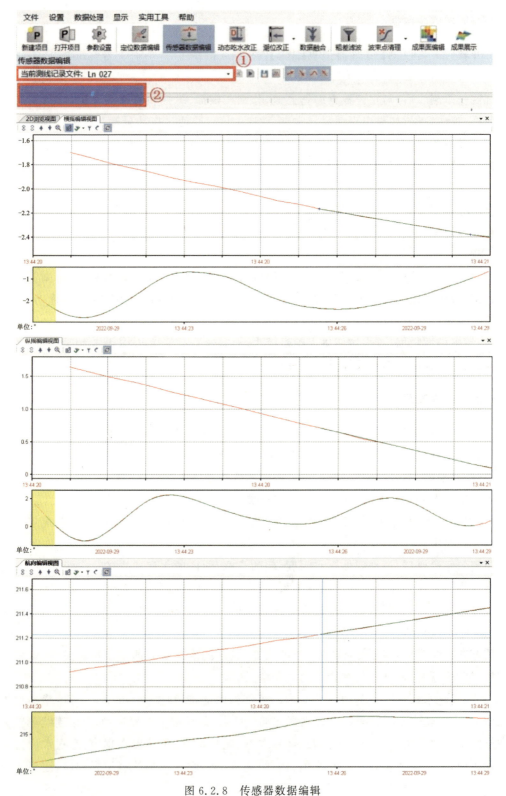

图 6.2.8 传感器数据编辑

(x 轴是时间轴，y 轴是横摇、纵摇及航向角度)

(3)多条测线的批量改正。批量改正是重新批量计算多条测线的动态吃水并进行动态吃水改正,点击图 6.2.9 中④号红框内的按钮,在弹出如图 6.2.11 所示的对话框中,勾选需要进行改正的测线文件,点击【开始改正】即可。

图 6.2.9 动态吃水改正

图 6.2.10 动态吃水设置

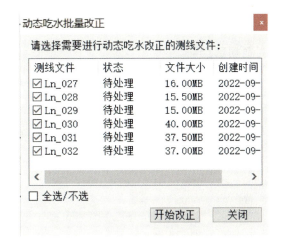

图 6.2.11 动态吃水批量改正

6. 潮位改正

打开软件工具栏的【潮位改正】,选择【GPS 潮位】进入 GPS 潮位编辑模块,再选择一条测线文件进行编辑。与动态吃水改正类似的,十字丝表示采样点,点击图 6.2.12 中③号红框内的按钮,选择采样点,按下鼠标拖动,可以调整采样点的 GPS 潮位值。由于坐标系统参数、船形参数、定位数据、传感器数据、吃水等任一项发生变化都需要重新计算 GPS 潮位值,因此,完成上述操作后,还要再点击①号红框内的按钮重新计算当前测线的潮位。

图 6.2.12 潮位改正

如果需要对多个测线文件进行 GPS 批量潮位计算,则点击②号红框内的按钮,弹出如图 6.2.13 所示的对话框,然后勾选需要计算的测线文件,再点击【开始计算】按钮即可。

注意:如果勾选"使用 GPS 潮位",那么计算出的 GPS 潮位值才作为当前使用的潮位。否则,仅仅只是计算并保存 GPS 潮位值,当前使用的潮位值并不会发生变化。

图 6.2.13　GPS 潮位批量计算

7. 数据融合

在完成定位数据编辑、传感器数据编辑、吃水改正、潮位改正后,就需要对多波束点进行数据融合和归位计算。点击工具栏按钮,然后会弹出融合计算对话框,如图 6.2.14 所示。

在对话框内选中全部测线,点击【使用 GPS 潮位】后,再点击【开始计算】,就可以完成数据融合。

图 6.2.14　数据融合计算

四、波束点条带清理

打开软件工具栏的【波束点清理】,选择【条带清理】,进入如图 6.2.15 所示的视图界面,在①号红框内选择测线。

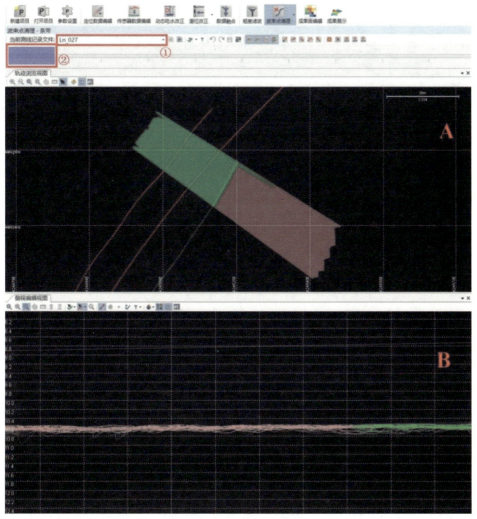

图 6.2.15 波束点条带清理

视图 A 中正在处理的测线呈绿色,其中采样的波束点构成了图中的波束条带,这一条带沿测线前进方向的左侧由红色显示,右侧由绿色显示。

放大 B 视图,如图 6.2.16 所示,点击②号红框内的按钮【连点成线】,由于数据文件本身是点云格式,连点成线并不会改变数据本身的内容和格式,但是能让我们更直观地发现"带刺区域"(即图 6.2.16 中③号红框内的突出部分)。

首先点击①号红框内的按钮【将波束点标记为无效】,则③号红框内的"带刺区域"均被标记为无效。重复进行这个操作,直至处理完视图中的所有"带刺区域"。

然后选择图 6.2.15 中②号红框内的紫色进度条,按照从左至右的方向拖动它,每拖动到一个新的区域,就重复进行上述操作,直至处理完整条测线。

处理完一条测线后,再选择其他测线按上述步骤进行处理,直至完成所有测线的波束点条带清理。

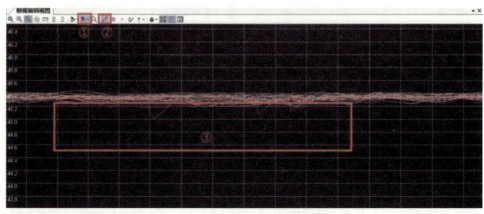

图 6.2.16 条带清理的侧视编辑

五、波束点区域清理

打开软件工具栏的【波束点清理】,选择【区域清理】,进入如图 6.2.17 所示的视图界面,点击①号红框内按钮,选择编辑区域。然后用鼠标左键在测线上划出一个编辑区域(即图 6.2.17 中黄色框范围),这样人为划定的区域,最好是沿着测线方向并覆盖所有测线,如此才能让编辑区域自动平移时,仍然能完整覆盖所有测线,不再需要做任何调整。最后按下回车键,进入正式编辑界面。

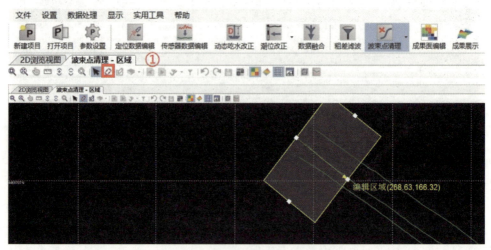

图 6.2.17 波束点区域清理的编辑区域

进入正式编辑界面后(图 6.2.18),在左侧视图中,原本人为划定的编辑区域,自动生成了一个紫色的编辑子区,并可以在右侧视图中看到这一子区的采样情况。与条带清理类似的,放大右侧视图,寻找"带刺区域",并将该区域内的波束点标记为无效。

在编辑区域内拖动这一编辑子区,重复上述清理过程,就可以完成整个编辑区域内的区域清理。然后按下键盘上的【PageDown】(或者【PgDn】)按钮,编辑区域会自动平行于测线方向移动,重复这一操作和清理,就可以完成所有测线的区域清理工作。

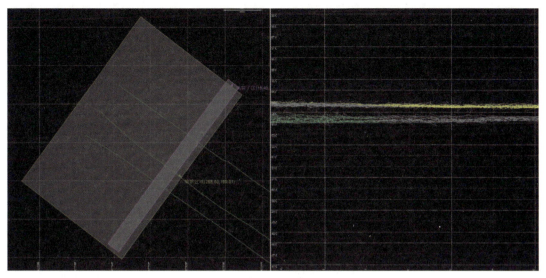

图 6.2.18　波束点区域清理的正式编辑

六、成果面创建

基于测线清理后的波束点生成格网曲面,软件内的具体操作流程如下:
首先进入"成果面编辑模块",点击"创建成果面"工具栏按钮,弹出对话框(图 6.2.19)。

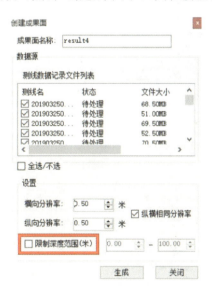

图 6.2.19　"创建成果面"对话框

然后在对话框中输入生成的成果面文件名称,同时在数据源列表中,勾选生成成果面的测线文件,并设置成果面分辨率(即格网大小,纵横分辨率可以不同)。如果需要分层生成成果面,则需勾选"限制深度范围"(图 6.2.19 的红框部分),并设置深度范围,即将该深度范围内的波束点生成一个成果面。

最后点击【生成】,就可以开始生成成果面。如需再创建一个成果面,则重复以上步骤,如不需要,则点击【关闭】按钮。

七、成果面编辑

在工具栏的"成果面编辑"下拉列表(图 6.2.20)中,选择一个成果面进行编辑。

图 6.2.20 "成果面编辑"界面

软件内常用按钮及其功能如下:

(1) 按钮:选中格网并对格网点进行编辑。点击 按钮,单击选中一个格网,弹出"编辑格网点"对话框,被选中的格网点用红色标注,如图 6.2.21 所示,可以查看格网点最大深度、最小深度、平均深度、波束点数、中误差等属性,并可以设置该格网的深度值,或将该格网删除或恢复。

图 6.2.21 编辑格网点

(2) 按钮:对删除操作进行设置,弹出如图 6.2.22 所示的对话框。

图 6.2.22 删除格网设置

如果选择"无条件模式",那么选中的所有格网将被删除;如果选择"有条件模式",则需要设置条件,选中的格网只要满足下面任何一个条件,都将被删除:①格网深度不在有效深度范围之内;②格网包含的波束点数小于设定个数;③格网包含的波束点中误差大于设定值;④格网与其他成果面的差异值大于设定值。

(3) 按钮:直接删除圈中的格网。点击 按钮,按鼠标左键圈住需要删除的格网,释放鼠标左键完成格网的删除,图 6.2.23 所示是在深度颜色模式下,设置为只显示有效格网的格网删除效果。

删除前　　　　　　　　　　　　　　　　删除后

图 6.2.23　格网删除效果图

(4) 按钮:恢复之前删除的格网。在处理格网数据的过程中,可能会出现误删的情况,而软件内部没有撤销操作,这个时候可以通过恢复格网的操作来进行补救。

点击 按钮,按鼠标左键圈住需要恢复的格网,再释放鼠标左键,即可完成对应格网的恢复(图 6.2.24)。

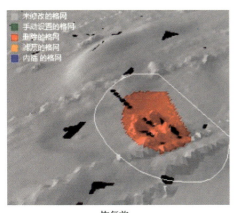
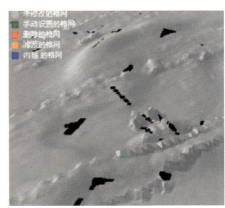

恢复前　　　　　　　　　　　　　　　　恢复后

图 6.2.24　格网恢复效果图

注意:

在"只显示有效格网"情况下,无法进行格网恢复操作,这时 按钮显示为灰色不可用,此时关闭"只显示有效格网"设置即可。

为了便于查看哪些格网被删除,可以将颜色模式设置为"格网属性"。

(5) 2D 按钮:打开平面编辑视图。

(6) 📷 按钮:截取当前屏幕内容。

成果面编辑前后效果比较见图 6.2.25 和图 6.2.26。

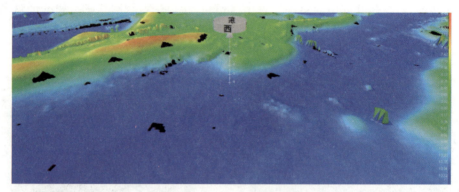

图 6.2.25　未进行编辑的成果面

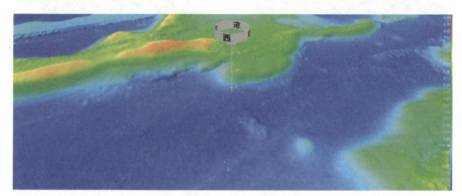

图 6.2.26　编辑后的成果面

八、导出成果面数据和成果图像

一般将成果面数据导出为 GeoTiff 格式。点击 2D 按钮打开平面编辑视图,调整好显示区域和显示内容,点击截屏按钮 📷,在弹出的文件保存对话框中,选择 GeoTiff 格式,就可以将当前视图显示的内容保存为 GeoTiff 格式了。

如果需要导出高分辨率图像,先点击 2D 按钮进入二维编辑模式,然后点击工具栏按钮 ▦,会弹出如图 6.2.27 所示的对话框。

在对话框内,可设置左下角、右上角或者中心点坐标,并设置出图比例尺和图像实际尺寸,在选择保存路径时可以设置输出格式(Bimap,Jpeg,或者 GeoTiff)。

设置完成后,点击"预览"按钮,查看输出区域是否符合要求(预览图如图 6.2.28 所示),其中绿色框线范围为图像的输出区域。

图 6.2.27　导出高分辨率图像对话框

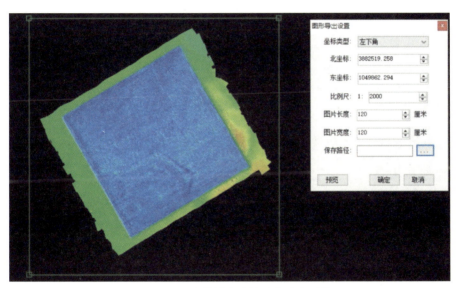

图 6.2.28　高分辨率成果图像导出预览

九、思考题

(1)进行安装校准的时候需要选择全部测线吗？

(2)动态吃水模型有哪几种？各具有什么样的特点？

(3)潮位改正的注意事项有哪些？

(4)人为划定编辑区域的时候，需要注意什么？

(5)"连点成线"功能会改变原始数据的点云格式吗？

(6)简述删除格网的步骤。

(7)按钮变灰而无法进行格网恢复操作时,该如何处理？

第七章　ArcGIS 在海洋地理信息系统中的应用

在海洋地理信息系统中，ArcGIS 可以用于海洋空间数据的收集、存储和管理，包括海洋地形数据、海洋气象数据、海洋生态数据等。同时，ArcGIS 还提供了强大的空间分析功能，可用于完成矢量数据编辑、影像数据配准和空间数据插值等工作。借助 ArcGIS 的可视化和分析功能，人们可以更好地理解和分析海洋环境，预测海洋现象，优化海洋资源利用，实现海洋的可持续发展。本章将主要介绍 ArcGIS 软件的一些基础功能，帮助同学们更好地理解并利用海洋测绘和海洋地理信息数据。

实验一　地图矢量化

一、目的和要求

掌握 ArcMap 软件矢量化操作的过程。

二、软件和工具

ArcGIS 软件；中国地质大学（武汉）平面示意图（数据获取链接：https://wwsy.lanzouj.com/ihxll14zz00b）。

三、实验内容

使用 ArcMap 软件进行矢量化操作。

四、实验方法与步骤

（1）首先打开 ArcMap，把地大高清图.jpg 拖到 ArcMap 中（或者在 ArcMap 中，选择【图层】→【添加数据】→【地大高清图.jpg】）。

（2）点击【视图】工具栏下的【数据框属性】选项，找到【常规】选项框，修改【单位】设置如下（图 7.1.1）。

（3）坐标系设置，选择【投影坐标系】→【Gauss Kruger】→【Xian 1980】→【Xian 1980 3 Degree GK CM 120E】（图 7.1.2）。

（4）在 ArcCatalog（目录）中新建 Shapfile 图层（点、线、面），如道路图层选择"线"，路灯等点图层选择"点"，教学楼等面图层选择"面"。本实验涉及的基本图层包括道路、教学楼、宿舍楼、操场、广场、校门等。

第七章 ArcGIS在海洋地理信息系统中的应用

图 7.1.1　设置地图单位

图 7.1.2　设置坐标系统

首先新建 Shapfile 图层，如宿舍（图 7.1.3a、图 7.1.3b）。

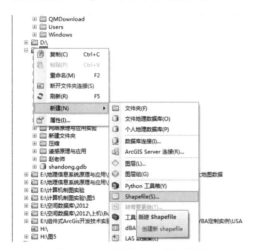

图 7.1.3a　新建 Shapfile 图层

图 7.1.3b　新建宿舍图层

点击【编辑】，设置宿舍图层所在坐标系，依次点击【投影坐标系】→【Gauss Kruger】→【Xian 1980】→【Xian 1980 3 Degree GK CM 120E】，完成设置。然后按照上述步骤依次完成道路、教学楼、操场、广场、校门等图层的坐标系设置。

（5）在 ArcCatalog（目录）中把新建立的 ShapFile 图形文件直接拖动到 ArcMap 中（或者通过在 ArcMap 中选择图层→加载数据→新建的 ShapFile，进行选择），见图 7.1.4。

（6）添加编辑器控件。右击菜单栏，选择【编辑器】。

· 107 ·

图 7.1.4 加载 ShapFile 文件

(7)图层的矢量化。在要矢量化的图层上(如宿舍图层)右击,选择【编辑要素】→【组织要素模板】(图 7.1.5)→【新建模板】,然后选择要编辑的图层,点击【完成】(图 7.1.6)。

图 7.1.5 编辑要素

(8)创建宿舍要素。首先在【编辑器】工具栏下点击【开始编辑】(图 7.1.7),然后点击 ,在要素模板中选择宿舍(图 7.1.8)。

第七章 ArcGIS在海洋地理信息系统中的应用

图 7.1.6 创建新模板向导

图 7.1.7 打开编辑器

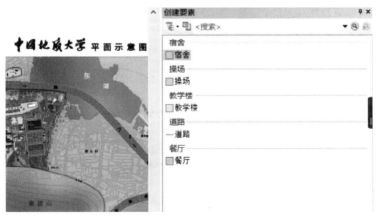

图 7.1.8 创建宿舍要素

(9)用工具栏中的放大 和平移 工具找到某宿舍楼的位置(图 7.1.9)。

使用 来描出这一栋宿舍楼的多边形,描的过程中 和 工具可以切换使用(图 7.1.9)。

(10)最后点击【完成草图】或者【完成部件】选项来完成这一栋宿舍楼的矢量化(图 7.1.10)。

(11)重复上述步骤,继续下一栋宿舍楼的矢量化,直到所有宿舍楼都完成矢量化。然后回到【创建要素】选项,选择下一个需要矢量化的图层(如道路等),直到所有图层都完成矢量化。

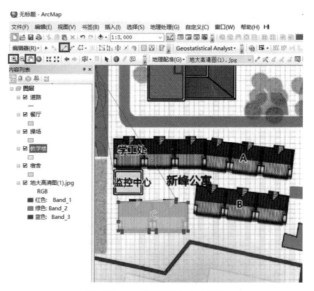

图 7.1.9　编辑宿舍矢量图

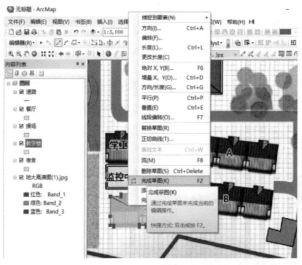

图 7.1.10　完成宿舍矢量草图

(12)完成各图层的矢量化后,依次点击【编辑器】→【保存编辑内容】→【停止编辑】。

五、思考题

(1)思考矢量数据编辑工作的作用和意义。

(2)简述矢量化操作的一般过程。

第七章 ArcGIS 在海洋地理信息系统中的应用

实验二 影像数据配准与矢量数据校正

一、实验目的

(1)掌握应用 ArcGIS 软件进行影像数据配准的方法。
(2)掌握应用 ArcGIS 软件对矢量数据进行校正的方法。

二、实验准备

(1)准备山东省扫描底图。
(2)准备需要校正的矢量数据(数据获取链接:https://wwsy.lanzouj.com/ictfL14zz03e)。

三、实验步骤

1. 影像数据的配准

(1)打开 ArcMap 软件,在菜单栏空白处右击,弹出图 7.2.1 所示列表,勾选【地理配准】工具条。

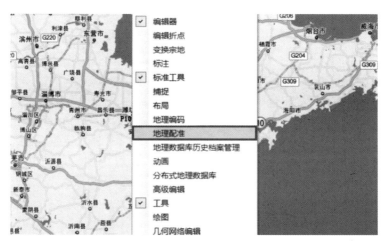

图 7.2.1 勾选【地理配准】工具条

(2)把需要进行纠正的影像(图 7.2.2 山东省扫描底图)添加到 ArcMap 中,点击左侧图层中"山东.jpg"底图图片,此时右侧【地理配准】工具条已被激活。
(3)在配准过程中,我们需要已知某些控制点的坐标,控制点可以是经纬线网格的交点、公里网格的交点或者一些典型地物的坐标,通过以下方法输入控制点的坐标值。
①如果不希望在创建每个控制点后更新坐标显示,则可以关闭地理配准菜单下的【自动校正】功能(图 7.2.3)。
②为图层选择坐标系。右击图层选项卡,选择【属性】,打开【数据框属性】(图 7.2.4),依次选择【坐标系】→【投影坐标系】→【Gauss Kruger】→【Xian 1980】→【Xian 1980 3 Degree GK

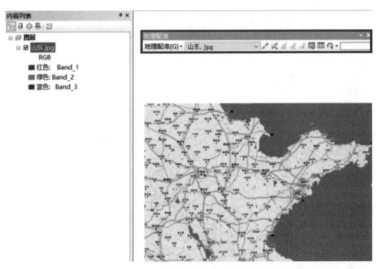

图 7.2.2 添加山东省扫描底图

图 7.2.3 关闭自动校正

CM 120E】,再单击确定(图 7.2.5)。

图 7.2.4 打开属性框

图 7.2.5 选择坐标系

③在【地理配准】工具条上,点击添加控制点按钮。使用该工具在扫描图上精确找到一个控制点并点击,然后鼠标右击输入该点的实际坐标位置(图 7.2.6)。

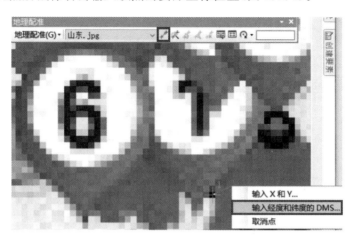

图 7.2.6 添加控制点

④采用相同的方法,依次在"山东.jpg"影像上添加多个控制点,并输入它们的坐标值(图 7.2.7)。

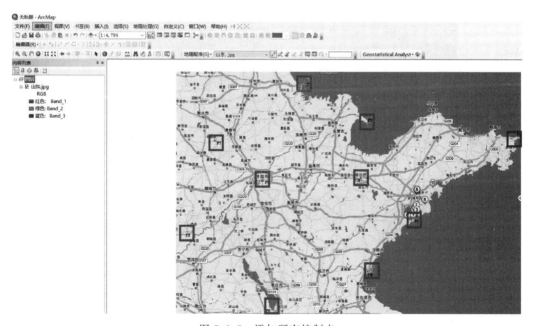

图 7.2.7 添加所有控制点

(4)添加所有控制点后,在【地理配准】菜单下,点击【更新地理配准】,则可以将输入的坐标值更新为实际坐标值(图 7.2.8)。

(5)在【地理配准】菜单下,点击【校正】,将校准后的影像另存。

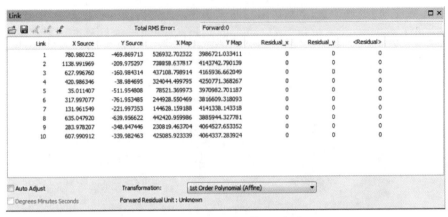

图 7.2.8 更新后的实际坐标值

2. 矢量数据的校正

在 ArcGIS 中,矢量数据校正的主要目的是将已有的地图数据与现实世界中的地理位置相对应,这个过程也被称为地理参考或地理定位。矢量数据校正的意义在于确保数据的准确性和可靠性,以便在 GIS 应用程序中进行精确的分析、查询和可视化。

ArcGIS 中矢量数据校正包括以下步骤:

(1)将已经具有坐标系的要素类和需要校正的要素类载入到 ArcMap 中,首先打开【编辑器】(图 7.2.9),再打开【空间校正】工具条(图 7.2.10),开始编辑。

图 7.2.9 打开编辑器

图 7.2.10 打开【空间校正】工具条

(2)在【空间校正】工具条菜单里打开【选择要校正的输入】工具栏(图 7.2.11),勾选需要校正的要素类,并选择校正方法(图 7.2.12)。

图 7.2.11 设置校正方法

(3) 在编辑工具条中设置捕捉方式(Vertex 为顶点,Edge 为边缘,End 为终点),以便准确地建立被校正要素与基本要素之间的校正连接(图 7.2.13)。

图 7.2.12　选择校正方法

图 7.2.13　设置捕捉方式

(4) 点击置换链接工具，单击被校正要素上的某一个点,并且在基准要素上选择对应点,从而建立起一个置换链接。置换链接中起点是被校正要素上的某一点,终点是基准要素上这一点的对应点。用同样的方法建立足够多的链接,理论上建立 3 个置换链接就可以做仿射变换,但实际应用中要尽量多建立几个链接,尤其是在拐点等特殊点上,并且这些点位要均匀分布(图 7.2.14)。

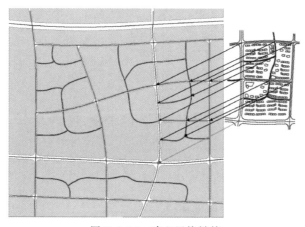

图 7.2.14　建立置换链接

(5) 图像符合要求以后,单击【空间校正】工具条中的【查看链接表】,检查控制点残差(residual error)和 RMS 误差(位于左下角,RMS 误差小于 1 即可),最后删除残差特别大的控制点并且重新选择新的控制点(图 7.2.15)。

图 7.2.15　校正后的链接表

(6)点击【空间校正】工具条菜单下的【校正】选项框,执行空间校正功能(图 7.2.16)。

(7)点击【编辑器】工具条上的【保存编辑内容】选项以保存校正成果(图 7.2.17)。

图 7.2.16　执行空间校正功能

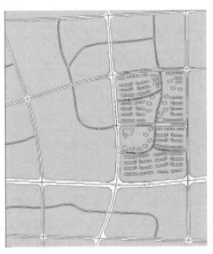

图 7.2.17　保存校正成果

四、思考题

(1)总结影像数据配准的意义及其操作的过程。

(2)总结矢量数据校正的作用及其操作的过程。

实验三　空间数据插值与地统计实验

一、实验目的

(1)利用 ArcGIS 软件进行空间数据插值。

(2)利用 ArcGIS 软件制作北美加州区域臭氧浓度图。

二、实验准备

臭氧浓度变化影响着海洋的热量收支、气候模式、降水分布,以及海洋的氧气循环、化学平衡等过程,因此,监测臭氧浓度变化对海洋生态系统的保护具有重要作用。本实验以美国加利福尼亚州(以下简称加州)的大气臭氧浓度监测数据为例,利用 ArcGIS 软件对其进行空间数据插值和可视化。本实验所采用的数据包括:ca_outline 加州轮廓图;ca_ozone_pts 臭氧采样点数据(1996 年中每 8h 的臭氧平均浓度最大值);ca_cities 加州主要城市位置图(数据获取链接:https://wwsy.lanzouj.com/il5xj14zz04f)。

考虑到费用以及实用性等问题,在实际应用中,不可能在加利福尼亚州所有地方都建立起臭氧浓度监测站。实验过程中,我们需要根据部分监测站已知的臭氧浓度,插值出加利福尼亚州其他区域未知的臭氧浓度。利用 ArcGIS 软件的地统计分析模块可以分析各个臭氧浓度监测站点之间的关系,并设定某一臭氧浓度临界值,最后生成超出这一临界值的臭氧浓度概率图,并同时给出预测标准差(不确定性),进而对其他区域的臭氧浓度值进行预测。

本实验利用 ArcGIS 软件的地统计分析模块来预测加州区域臭氧浓度超出临界值的概率大小。设定的臭氧浓度临界值为 0.12×10^{-6},即当某一区域臭氧浓度最大值超过 0.12×10^{-6} 的时候,则需要对该区域进行严密监测。

三、实验内容与步骤

(1)首先启动 ArcMap 并激活【地统计分析模块】(即【Geostatistical Analyst】)。

在 ArcMap 中,单击【自定义】菜单,再点击【扩展模块】(图 7.3.1),选中【Geostatistical Analyst】复选框(图 7.3.2),单击关闭按钮。

图 7.3.1 选择拓展模块　　　　图 7.3.2 选中地统计分析模块

(2)添加 Geostatistical Analyst 工具条到 ArcMap 中。

单击【自定义】菜单,光标指向【工具条】,然后单击【Geostatistical Analyst】(也可以在菜单空白处右击鼠标,然后单击【Geostatistical Analyst】,其效果相同)(图 7.3.3)。

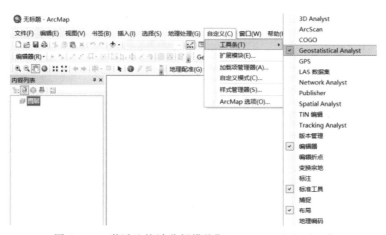

图 7.3.3 激活地统计分析模块【Geostatistical Analyst】

(3)在 ArcMap 中添加数据层。

①单击工具条上的【添加数据】按钮(图 7.3.4)。

②找到存储实验数据的文件夹 Geostatistics,按住 Ctrl 键,然后点击并选中 ca_ozone_pts

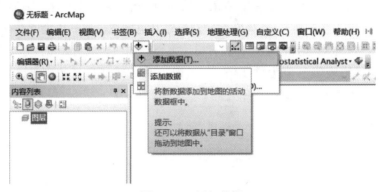

图 7.3.4　添加数据

（臭氧采样点数据）和 ca_outline（加州轮廓图）。单击【添加】按钮,添加 ca_ozone_pts 和 ca_outline 底图（图 7.3.5）。

图 7.3.5　添加加州轮廓图和臭氧采样点分布图

③改变加州轮廓图的填充颜色。单击目录表中 ca_outline 图层的图例,选择【属性】（图 7.3.6）,打开【图层属性】对话框,在【符号系统】选项卡中,单击选择【要素】栏下的【单一符号】选项,单击【符号】区域（图 7.3.7）。

④打开【符号选择器】对话框,单击【填充颜色】下拉箭头,然后选择【无颜色】（图 7.3.8）。

第七章　ArcGIS在海洋地理信息系统中的应用

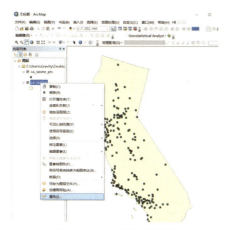

图 7.3.6　选择图层属性

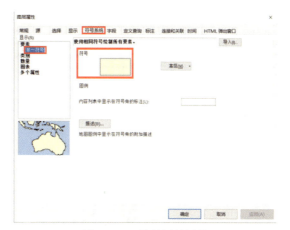

图 7.3.7　编辑图层属性

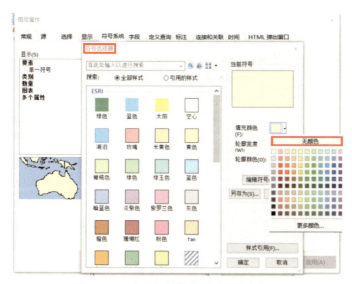

图 7.3.8　改变加州轮廓图图层填充颜色

⑤此时 ca_outline 图层只有轮廓可见，即区域内是无填充的透明效果（图 7.3.9），这样可以使得后续创建的其他图层在加州区域内都清晰可见。

⑥点击标准工具条上的【保存】按钮。新建一个本地工作目录，并定位到这个目录下，将地图命名为 Ozone Prediction Map.mxd。

（4）以臭氧点数据集（ca_ozone_pts）作为输入数据，利用地统计分析模块【Geostatistical Analyst】，插值并预测出未知站点的臭氧浓度值。

①单击【Geostatistical Analyst】，然后选择【地统计向导】（图 7.3.10）。

②地统计向导设置的方法包括确定性方法、地统计方法和含障碍的插值方法，本实验仅需对前两个方法进行设置。首先选择【确定性方法】中的【反距离权重法】，在【数据集】选项框下的【源数据集】下拉箭头处选择 ca_ozone_pts，在【数据字段】下拉箭头处选中属性 OZONE；然后选择【地统计方法】中的【克里金法/协同克里金法】（图 7.3.11）。

· 119 ·

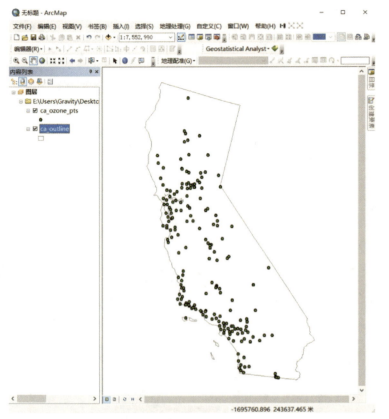

图 7.3.9 透明效果的加州轮廓图和臭氧采样点分布　　图 7.3.10 选择【地统计向导】

图 7.3.11 设置插值方法

③在缺省情况下,在【地统计向导】对话框中,选中【普通克里金】和【预测】选项(图7.3.12)。

④空间中距离较近的事物之间往往具有较高相似性,基于这一原理,本实验利用半变异函数对臭氧监测站点获得的已知臭氧浓度数据之间的空间关系进行分析(图 7.3.13 右侧红框部分)。

图 7.3.12　选择克里金法类型和输出表面类型

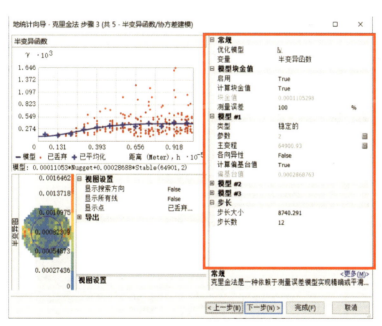

图 7.3.13　利用半变异函数分析臭氧浓度的空间相关性

⑤设置搜索邻域(图 7.3.14)。通过已知监测站点的臭氧浓度值,对图 7.3.14 中十字丝所在位置监测站点的臭氧浓度值进行预测。根据空间相关性原理,距离已知站点越近的未知站点,其臭氧浓度值越接近。在图 7.3.14 中,根据一定原则以十字丝所在位置为中心,设置搜索邻域,显然图中圆形搜索邻域中红色站点对未知点的影响要大于绿色站点的影响。根据周围监测站点的信息,并基于【半变异函数/协方差建模】拟合的模型,即可准确地预测出十字丝所在位置未知站点的臭氧浓度值。

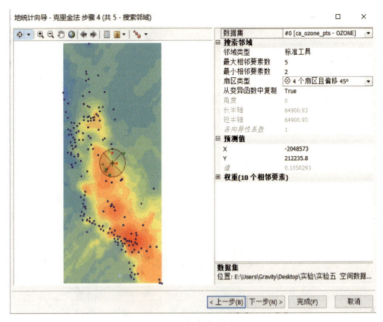

图 7.3.14　搜索邻域的设置

⑥评估臭氧浓度值的预测结果。点击【下一步】按钮,打开【交叉验证】对话框。【交叉验证】对话框可以展示出【半变异函数/协方差建模】拟合模型对未知站点臭氧浓度值的预测结果,以评估预测模型的性能(图 7.3.15)。

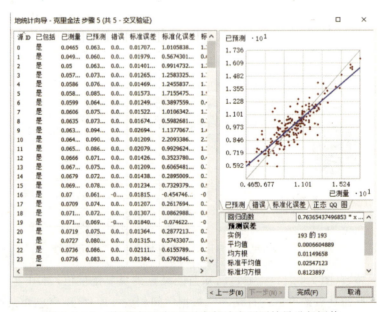

图 7.3.15　利用【交叉验证】对臭氧浓度预测结果进行评估

⑦点击【完成】,自动生成出【方法报告】对话框。【方法报告】中会对以上用于创建输出表面的方法(及其相关参数)等信息进行总结(图 7.3.16)。

第七章 ArcGIS在海洋地理信息系统中的应用

图 7.3.16 方法报告中对创建输出表面的方法的总结

⑧重复上述步骤,插值得到其他未知点的臭氧浓度值,并将预测的臭氧浓度图层置于顶层显示(图 7.3.17)。

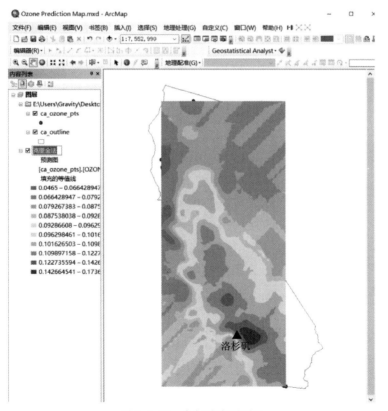

图 7.3.17 臭氧浓度预测图

⑨从图 7.3.17 可以看出,根据预测结果,洛杉矶以东地区的臭氧浓度值最高,根据左侧等值线填充颜色,1996 年内至少存在一段时间,该地区的臭氧浓度极有可能超过临界值(0.12×10^{-6})。

四、思考题

(1)空间数据插值有什么作用,具体方法包括哪些?
(2)简述进行克里金插值的过程。

主要参考文献

艾波,王瑞富,高松,等,2022.海洋地理信息系统[M].武汉:武汉大学出版社.
陈永奇,李裕忠,杨仁,1991.海洋工程测量[M].北京:测绘出版社.
花向红,邹进贵,向东,等,2009.数字测图实验与实习教程[M].武汉:武汉大学出版社.
孔祥元,郭际明,刘宗泉,2006.大地测量学基础[M].武汉:武汉大学出版社.
李家彪,1999.多波束勘测原理技术与方法[M].北京:海洋出版社.
李征航,黄劲松,2005.GPS测量与数据处理[M].武汉:武汉大学出版社.
马大猷,2004.现代声学理论基础[M].北京:科学出版社.
潘正风,程效军,成枢,等,2015.数字地形测量学[M].武汉:武汉大学出版社.
田淳,周丰年,高宗军,等,2021.海洋水文测量[M].武汉:武汉大学出版社.
吴北平,陈刚,潘雄,等,2010.测绘工程实习指导书[M].武汉:中国地质大学出版社.
许军,暴景阳,于彩霞,2020.海洋潮汐与水位控制[M].武汉:武汉大学出版社.
阳凡林,暴景阳,胡兴树,2017.水下地形测量[M].武汉:武汉大学出版社.
阳凡林,翟国君,赵建虎,等,2022.海洋测绘学概论[M].武汉:武汉大学出版社.
杨鲲,董江,周才扬,等,2022.海洋工程测量[M].武汉:武汉大学出版社.
张志华,2019.海岸带测绘技术[M].武汉:武汉大学出版社.
赵建虎,2007.现代海洋测绘[M].武汉:武汉大学出版社.
赵建虎,张红梅,吴永亭,等,2017.海洋导航与定位技术[M].武汉:武汉大学出版社.
周立,2013.海洋测量学[M].北京:科学出版社.
周忠谟,易杰军,周琪,等,1997.GPS卫星测量原理与应用[M].2版.北京:测绘出版社.